조선의 선비들, 사랑에 빠지다

조선의 선비들, 사랑에 빠지다

(조선의 선비를 통해서 본 남과 여, 그리고 사랑 이야기)

[뿌리 깊은 나무®] 시리즈 No.02

지은이 | 김봉규
발행인 | 홍종남

2016년 9월 21일 1판 1쇄 인쇄
2016년 9월 28일 1판 1쇄 발행

이 책을 만든 사람들
책임 기획 | 홍종남
북 디자인 | 김효정
교정 | 주경숙
출판 마케팅 | 김경아

이 책을 함께 만든 사람들
종이 | 제이피씨 정동수
제작 및 인쇄 | 다오기획 김대식·정인균

{행복한콘텐츠그룹} 출판 서포터즈
김미라, 김미숙, 김수연, 김은진, 김현숙, 박기복, 박민경, 박현숙, 변원미, 송래은
오석정, 오주영, 윤진희, 이승연, 이인경, 이혜승, 임혜영, 정인숙, 조동림, 조은정

펴낸곳 | 행복한미래
출판등록 | 2011년 4월 5일. 제 399-2011-000013호
주소 | 경기도 남양주시 도농로 34, 부영e그린타운 301동 301호(도농동)
전화 | 02-337-8958   팩스 | 031-556-8951
홈페이지 | www.bookeditor.co.kr
도서 문의(출판사 e-mail) | ahasaram@hanmail.net
내용 문의(지은이 e-mail) | bg4290@naver.com
※ 이 책을 읽다가 궁금한 점이 있을 때는 지은이 e-mail을 이용해주세요.

조선의 선비들,
사랑에 빠지다

|김봉규 글·사진|

행복한미래

옛 선비들의 사랑 이야기와
그 사랑이 탄생시킨 주옥같은 작품들

"아! 기생이란 다만 뜬 사내들의 다정한 것이나 사랑하는 것인데, 누가 도의(道義)를 사모하는 기생이 있는 줄 알겠는가. 게다가 잠자리를 받아들이지 않아도 부끄럽게 여기지 않고 도리어 감복하니 더욱 더 보기 어려운 일이로다."

율곡 이이가 자신과 각별한 정을 주고받았던 기생 유지(柳枝)에 대해 쓴 글(柳枝詞) 중 일부다. 이이는 황해도 관찰사로 부임한 후 해주에서 자신의 시중을 들게 된, 자신보다 나이가 27세나 아래인 동기(童妓) 유지를 처음 만나 어여삐 여기게 된다. 첫 만남 후 9년의 세월이 흐른 뒤에 이이가 남긴 글에서 "내생이 있다는 말이 빈말이 아니라면, 죽어서는 신선이 사는 나라에서 너를 다시 만나리."라고 표현할 정도로 두 사람은 지극한 정을 나누는 관계로 발전했다. 유지에 대한 율곡의 순수한 사랑은, 당시 사람들이 알았더라면 여러 가지 구설수에 오를 것이 분명할 정도로 진솔한 감정을 드러낸 글을 남기게 했다. 사랑의 힘이다.

인간의 삶에 있어 정신적 교감은 매우 중요하다. 남자든 여자든 마찬가지다. 특히 지식인이나 예술가들에게 정신적 교감은 육체적 교감보다 더 절실하다. 육체적 교감은 자식을 낳고, 정신적 교감은 멋진 작품을 낳는다. 시인은 시를, 화가는 미술작품을, 음악가는 음악작품을 탄생시키는 것이다.

우리나라 옛 지식인들 중에도 길이 회자되고 있는 사랑 이야기를 남긴 주인공들이 적지 않다. 널리 알려진 대학자 서경덕과 기생 황진이의 사연을 비롯해 잘 알려지지 않은 이이와 유지, 이황과 두향, 최경창과 홍랑, 유희경과 이매창, 정철과 진옥, 임제와 한우, 최치원과 쌍녀분 이야기 등 선비들의 다채로운 사랑 이야기가 역사와 야사 속에 전해지고 있다.

조선의 대표적인 문장가이자 시인인 최경창의 멋진 작품들은 사랑을 나눈 홍랑이 없었더라면 세상에 나오지 않았을 것이고, 당대의 대표적 시인이었던 유희경과 이매창의 사랑은 우리에게 각별한 멋과 감동을 선사하는 수많은 절창(絶唱)을 낳게 했다. 배전과 강담운의 사랑도 마찬가지다.

역사적 사실과 야사 등을 취재해 정리한 이들의 사랑 이야기에는 감동적이면서도 흥미로운 사연이 담겨 있다. 절절한 사랑은 주옥같은 작품들을 탄생시켰고, 이 시대 우리들의 삶을 윤택하게 하는 데도 크게 기여하고 있다. 이들의 감동적인 사연과 멋진 작품들은 각박한 현실을 버티고 있는 우리들의 가슴에도 단비처럼 내려앉을 것이다.

시비, 비석, 묘지, 생가 등 그들의 삶이 담겨 있는 유적지와 유물 등을 찾아가 찍은 사진도 함께 소개한다. 일부 사진은 인터넷에 공개된 것을 활용했다. 관계자들의 양해를 바란다.

2016년 가을 초입 '수류화개실'에서

차례

1부. 홀로 산창에 기대니

2부. 밤비에 새잎 나거든

3부. 나에게 살송곳 있으니

4부. 그윽한 즐거움 다하기도 전에

홀로
산창에 기대니

1부

1

이황과 두향

: 48세 대학자와 18세 기생이 함께 보낸 꿈같은 사랑

이별이 하도 서러워 잔 들고 슬피 울 때
어느덧 술 다하고 임마저 가는구나
꽃 지고 새 우는 봄날을 어이할까 하노라

두향(杜香)이 9개월 동안 모시던 퇴계(退溪) 이황(1501~1570)과 이별할 때 지은 시다. 퇴계의 나
이 48세, 관기인 두향의 나이 18세 때의 일이다.

지천명(知天命)이 가까운 나이에 만난 두향. 지혜롭고 재능이 뛰어난 그녀에게 이황은 차츰
끌리게 된다. 두향 역시 이황의 인품과 학문에 반해 연모와 존경의 마음이 절로 일어난다.
옛 기록이 정확히 남아 있는 것이 아니니 대부분 나중에 만들어진 내용이겠지만, 이황과 두
향의 이야기를 따라가보자.

단양 군수와 관기의 만남

이황이 두향을 처음 만난 것은 그의 나이 48세였던 1548년 정월이었다. 당시 이황은 단양 군수로 부임했고 두향은 그 고을의 관기로 있었는데, 30년이라는 나이 차이에도 불구하고 두 사람은 첫 만남에서부터 서로 끌리게 된다.

두 사람 사이에 공유할 수 있는 취미가 있었던 것도 서로 좋아하게 된 원인이었을 것이다. 두향은 어린 나이지만 매화를 기르는 데 뛰어났으며, 거문고도 잘 탔다. 게다가 시도 잘 지었는데 보통 수준은 넘었다고 한다. 이황은 어떤가. 대학자지만 빼어난 시인이기도 했다. 특히 매화를 매우 사랑했고, 「금보가(琴譜歌)」를 쓸 만큼 음률에도 밝았다. 이황의 매화시 한 수를 보자.

뜰을 거니니 달이 나를 따라오네	步躡中庭月趁人
매화 언저리 몇 번이나 돌았던고	梅邊行遶幾回巡
밤 깊도록 앉아 일어나길 잊었더니	夜深坐久渾忘起
꽃향기 옷 가득 스미고 그림자 몸에 가득하네	香滿衣巾影滿身

이런 두 사람이니 서로 마음이 끌릴 수밖에 없었다. 당시 이황은 2년 전에 두 번째 부인과 사별하고 홀아비 생활을 하던 때라 더 그랬을 것이다. 이황이 두 번째 부인과 혼인한 사연은 참으로 보기 드문 경우다. 결혼 6년 만에 부인과 사별한 이황은 뜻하지 않은 재혼을 하게 된다. 당시 예안

에 귀양 와 있던 권질의 실성한 딸과 혼인하게 된 것이다.

권질은 명망 높은 학자였지만 부친이 사화에 얽히는 바람에 갑자기 부모를 잃고 집안은 풍비박산이 났다. 숙부는 형장에서 매 맞아 죽고, 숙모는 관비로 끌려갔으며, 이런 풍파를 지켜본 권질의 딸은 그 충격으로 실성하고 말았다. 권질은 이런 딸을 이황에게 떠맡겼다.

"자네밖에 믿을 사람이 없네. 그래야 내가 눈을 감겠네."

황당하기 그지없는 요청이었지만 이황은 받아들였다. 이 결혼생활은 권 씨가 죽을 때까지 16년 동안 이어졌다. 후에 이황은 참으로 불행했던

▼ 이황이 제자들을 가르치던 도산서당(도산서원 내) 옆 매화나무

결혼생활이었다며 "마음이 뒤틀리고 고뇌를 견디기 어려운 적도 없지 않았다."고 토로한 적이 있다. 그렇지만 이황은 이런 부인에게도 끝까지 예의를 잃지 않았다.

이황과 두향은 30년이라는 세월과 신분을 뛰어넘어 서로 각별한 정을 주고받았다. 이황은 많은 것을 갖춘 두향의 매력에 빠져들었다. 부임 1개월 만에 둘째 아들 채(寀)마저 잃고 마음 아파하던 차라 곁에 있던 두향이 큰 힘이 되었을 것이다.

두향은 양매(養梅)에도 관심이 많았다. 그녀의 나이 열 살 때 어머니가 돌아가셨는데, 당시 어머니는 매화 화분 하나를 잘 길러 꽃을 피우고 있었다. 두향은 어머니가 사망한 후에도 매화분을 고이 잘 돌봤고, 기생이 되어 기적에 오를 때까지 어머니를 보듯이 애지중지 키웠다고 한다. 그 과정에서 매화에 깊은 관심을 보이게 되었고, 양매의 고수가 된 것이다.

하루는 집에서 애지중지하며 키우던 매화분 하나를 이황의 거처에 가져왔다. 이황이 단양 군수로 부임한 때가 마침 이른 봄이라 매화가 꽃을 피워 은은한 향기를 내뿜고 있었고, 이황이 매화를 각별히 좋아했기 때문이다. 이황은 받을 수 없다며 도로 가져가라고 사양했으나 두향이 매화분에 대한 사연과 매화의 성품 등에 대해 이야기하며 받아줄 것을 간청하자 그 순수한 마음을 차마 물리칠 수 없어 받아들였다.

두향은 그 후 또 한 그루의 매화나무를 구해서 이황에게 가져와 처소에 심어두고 완상하기를 청했다. 희다 못해 푸른빛이 도는 보기 드문 청매화였다. 이황은 그 매화를 뜰에 심게 했다. 당시 두향이 선물한 매화나무를 보고 지은 것으로 보이는 이황의 시다.

홀로 산창에 기대니 밤기운 차가운데	獨倚山窓夜色寒
매화나무 가지 끝에 둥근 달 걸렸구나	梅梢月上正團團
구태여 소슬바람 다시 불러 무엇하리	不須更喚微風至
맑은 향기 저절로 뜰에 가득한데	自有淸香滿院間

꿈같은 시간은 9개월로 끝나고

단양은 산간벽지지만 산수가 빼어난 곳이다. 옛날부터 단양은 그곳에 부임해오는 관리들이 모두 '울며 왔다가 울며 간다'는 말이 전해지는 고장이다. 올 때는 궁벽한 곳이어서 귀양 오는 듯한 마음이어서 울고, 갈 때는 아름다운 고장을 떠나야 하는 마음에 아쉬워 운다는 것이다. 도담 삼봉, 석문, 사인암, 상·중·하선암, 구담봉, 옥순봉 등 단양팔경을 비롯해 기암괴석과 옥류 계곡이 곳곳에 널려 있다. 단양팔경의 아름다움을 아껴 많은 이들이 그림으로도 남겼다.

▲ 단원 김홍도가 그린 「사인암도(舍人巖圖)」.
사인암은 이황이 정한 단양8경 중 하나다.

이황은 두향과 함께 이런 절경들을 둘러보며 꿈같은 시간을 보냈다. 단양팔경은 이황이 당시 두향과 같이 다니면서 직접 이름을 붙이며 선정한 것이라 한다. 단양팔경 중 옥순봉과 관련해 두향이 기지를 발휘한 일화가 전해진

▲ 단원 김홍도의 「옥순봉도(玉筍峯圖)」 옥순봉도 단양8경 중 하나다.

다. 옥순봉 근처에서 태어나 자란 두향은 옥순봉이 단양 땅이 아니라 청풍 땅임을 아는지라, 이황에게 옥순봉의 관할이 청풍임을 알리면서 청풍군수를 찾아가 협조를 구하면 단양 땅으로 편입시킬 수 있을 것이라고 조언했다.

당시 청풍군수는 아계(鵝溪) 이산해의 아버지 이지번이었다. 이황은 두향의 말에 따라 청풍군수를 찾아가 사정을 이야기하고 협조를 구한 결과 단양군 관할로 바꾸고, 단양팔경에 속할 수 있게 되었다. 이황은 옥순봉 아래 석벽에 '단구동문(丹丘洞門)'이라는 자신의 글씨를 새기게 해 단양의 관문임을 표시했다. 이 단구동문 암각은 현재 안타깝게도 충주호 속에 잠겨 있다. 옥순봉의 지금 소속은 제천이다.

또한 이황은 단양이 물이 많은 고장임에도 가뭄으로 백성들이 굶주린다는 사실을 알고, 처음으로 물을 가두는 보를 쌓는 등 민생안정을 위해

서도 많은 애를 썼다. 보의 이름은 '복도소(複道沼)'라고 했다. 이 보가 완
공되었을 때 이황은 준공기념으로 '복도별업(複道別業)'이라는 네 글자를
크게 써서 부근 바위에 새기게 했는데, 이 각자 바위는 충북유형문화재로
지정되어 지금도 그대로 보존되고 있다.

　이황과 두향은 특히 남한강 가에 있는 강선대(降仙臺) 위에서 종종 거
문고를 타고 시를 읊으며 노닐었다. 하지만 이런 꿈같은 시간은 오래가지
못했다. 가을이 미처 다 가기도 전인 10월에 갑자기 헤어져야 하는 시간이
닥친 것이다. 불과 9개월 만에 이별하게 된 것은 이황이 풍기군수로 발령
이 났기 때문이다. 풍기군수 발령은 이황의 형인 이해가 충청도 관찰사로
오게 되면서 형제가 같은 지역에서 근무할 수 없다는 국법에 따른 것이었다.

　단양을 떠나기 전날 마지막 밤, 두 사람은 이별의 정을 나누는 자리를
가졌다. 두향은 붓을 들어 시 한 수를 남기며 슬픈 마음을 달랬다.

　이별이 하도 서러워 잔 들고 슬피 울 때
　어느덧 술 다하고 임마저 가는구나
　꽃 지고 새 우는 봄날을 어이할까 하노라

　이날 밤의 이별은 결국 영원한 이별이 되어 두 사람은 1570년 이황이
70세로 세상을 하직할 때까지 생전에는 한 번도 다시 만나지 못한다. 이황
과 두향은 이별 후 다시 만나지는 못했지만 서신 왕래는 있었다. 1552년에
지은 이황이 두향에게 보냈던 시다. 두향은 수시로 이 시를 거문고 가락
에 실어 노래하며 이황에 대한 연모의 정을 달랬다고 한다.

옛 책 속에서 성현을 마주하고	黃卷中間對聖賢
빈 방 안에 초연히 앉았노라	虛明一室坐超然
매화 핀 창가에서 봄소식 다시 보니	梅窓又見春消息
거문고 줄 끊겼다 한탄하지 않으리	莫向瑤琴嘆絶絃

이황과 헤어진 두향은 관기의 신분에서 물러났다. 이황을 향한 마음을 순수하게 간직하기 위해서였다. 이듬해 봄, 강선대가 내려다보이는 적성산 기슭에 작은 초막을 마련한 뒤 오로지 이황을 생각하며 평생 홀로 살았다. 21년의 세월이 흐른 후 이렇게 살아가던 두향에게 결국 이황의 부음이 들려온다.

이황은 1570년 음력 12월 임종하는 날 아침에 매화분을 가리키며 '매화에 물을 주라'는 말을 남겼다. 매화를 아끼는 마음이 어떠했는지 알 수 있는 부분이다. 이황의 이 같은 매화 사랑에는 두향에 대한 마음도 담겨 있었을 것이다. 이황의 제자 이덕홍은 임종 순간을 다음과 같이 적고 있다.

"초여드렛날 아침, 선생은 일어나자마자 제자들에게 '매화에 물을 주라'고 말씀하셨다. 오후가 되자 맑은 날이 갑자기 흐려지더니 흰 눈이 수북이 내렸다. 선생은 제자들에게 누워 있던 자리를 정리하라고 하였다. 제자들이 일으켜 앉히자 선생은 앉은 채로 숨을 거두었다. 그러자 곧 구름이 걷히고 눈도 그쳤다."

두향은 부음을 듣자 바로 초당을 나서 험난한 죽령을 넘어가는 200리 길을 걸어 안동 상가에 도착했으나 문상조차 제대로 하지 못하고 멀리서 애도를 표한 뒤 돌아설 수밖에 없었다.

이황이 별세하자 두향도 목숨 끊어

강선대 위 초막으로 돌아온 두향은 이듬해 봄에 거문고와 서책을 모두 태운 뒤 곡기를 끊고 스스로 목숨을 끊었다. 이황의 뒤를 따른 것이다. 강선대에서 물에 뛰어들었다고도 하고, 부자차를 끓여 마시고 죽었다고도 한다. 유언은 이황과 함께 노닐었던 강선대 아래에 묻어달라는 것이었다.

"내가 죽거든 무덤을 강선대 곁에 만들어주세요. 내가 퇴계선생을 모시고 자주 시문을 논하던 곳입니다."

강선대 아래에 있던 두향의 무덤은 후일(1984년) 충주댐이 건설되면서 물에 잠길 처지가 되었는데, 인근 마을 유지들이 의견을 모아 원래 무덤에서 200m쯤 떨어진 지금의 위치로 옮겼다.

무덤 앞에는 두 기의 비석이 있다. 하나는 '두향지묘(杜香之墓)'라는 글씨가 새겨진 비석으로, 뒤쪽을 보면 1984년에 세운 것임을 알 수 있다. 다른 하나는 1998년 단성향토문화연구회에서 주관해 세운 비석이다. 두향에 관해 알려진 일반적인 내용이 새겨져 있다.

두향이 죽은 후 이황의 제자인 아계 이산해(1539~1609)가 해마다 제사를 지내주었다. 이산해는 스승의 애인인 두향의 무덤을 대를 이어서 돌보며 제사지내도록 했다고 한다.

단양 기생들은 두향이 사망한 이후 강선대에 오르면 반드시 두향의 무덤에 술 한 잔을 올리고 놀았다고 한다. 두향이 세상을 떠난 후 200여년이 지난 어느 날, 조선시대의 시인 이광려(1720~1783)가 두향의 무덤을 찾아 다음과 같은 시를 읊었다.

외로운 무덤 길가에 있고	孤墳臨官道
버려진 모래밭엔 붉은 꽃 피어 있네	頹沙暎紅蕚
두향의 이름 잊혀질 때면	杜香名盡時
강선대 바위도 없어지겠지	仙臺石應落

▼ 이황 묘지. 안동 퇴계종택 부근에 있다.

이황의 10대손 고계(古溪) 이휘영은 밀양부사를 지냈는데, 서울에서 벼슬을 하고 있을 때 멀리 단양까지 두향의 무덤을 찾아갔던 기록이 그의 문집에 나온다. 또한 그의 고손인 한문학자 이가원(1917~2000)은 중년에 두향의 무덤을 찾았다가 봉분에 한 그루의 소나무가 자라고 있는 것을 보고 인근 마을 사람에게 부탁해 베어내도록 하기도 했다.

한편 단양군 단성면에서는 1987년부터 매년 두향제가 열리고 있다. 두향의 묘소가 건너다보이는 장회나루 주차장에서 열리는 두향제는 단성향토문화연구회가 주최하고 단양문화원과 단양군청이 후원해 단오날에 치러오다 2010년경부터는 단양문화보존회 주관으로 가을에 열리고 있다. 두향제 초기에는 퇴계종가에서도 두어 차례 참석했다고 한다.

〈두향은〉

두향은 양반 가문의 규수 출신으로 안씨 성을 가진 집안의 딸이었으나, 다섯 살 때 아버지를 잃고 열 살에 어머니마저 여읜 후 퇴기의 수양딸이 되었다가 열세 살에 기적(妓籍)에 올랐다.

구담봉과 옥순봉 근처인 단양군 단성면 두항리(斗項里)에서 태어나 자랐다. 어머니 사별 후 두향의 자태와 재능을 아까워한 한 퇴기에 의해 길러지면서 기적에 오르게 되었다. 두향(杜香)이라는 이름은 마을 이름과 비슷한 발음을 따와 지은 것으로 추정된다.

<이황과 매화>

　이황의 매화 사랑은 유별났다. 그는 "내 평생 즐거함이 많으나 매화를 특히 몹시 좋아한다.(我生多癖酷好梅)"라고 했다. 설사가 나서 방에 냄새가 나자 "매형(梅兄)에게 미안하다."며 옆에 있던 매화 화분을 다른 곳으로 옮기도록 하고 환기를 시킨 뒤 매화분을 정갈하게 씻게 한 일화도 있다.

　이황은 매화를 감상하기 위해 특별히 고안된 의자를 만들기도 했다. 도자기를 둥글게 만들어 그 안에서 불을 피울 수 있게 한 것이다. 도산서원에 소장되어 있는데, 높이가 48㎝ 정도 된다. 날이 추울 때 이 의자 안에 불을 피워 따뜻하게 한 뒤 그 위에 앉아 매화를 감상했다.

　이 도자기 용도에 대해서는 여러 가지 설들이 있다. 화분을 올려놓는 화분대라고도 하고, 안에 불을 피워 따뜻하게 해 치질 치료에 이용했다고도 한다. 도자기 안에 불을 켜놓으면 도자기의 매화 무늬가 벽에 비쳐 벽에 아름다운 매화 그림자가 그려지는데 그것을 감상했다고도 한다.

　이황은 벼루도 매죽문이 새겨진 것을 애용했다.

　이런 이황이니 당연히 매

▲ 퇴계 이황 신주를 봉안하고 있는 감실. 안동 퇴계종택 사당 안에 있다.

화를 읊은 시를 많이 남겼다. 72제 107수에 이른다. 그중 62제 91수가 그가 엮은 『매화시첩』에 수록돼 있다. 『매화시첩』에는 그의 매화관이 담겨 있다. 그는 독창적인 매화관을 확립하고 그 아름다움의 경지를 시로 표현했다. 매화를 옥(玉)과 빙설(氷雪)에 비유하고, 소수(疏瘦)한 자태에 각별한 애정을 보였다. 옥은 '청정투명(淸淨透明)'을, 빙설은 '순백냉담(潔白冷淡)'을, 소수는 '빈한인고(貧寒忍苦)'를 의미하는 것이다. 또 매화의 품성을 '진(眞)·정(貞)·견(堅)·고(苦)'로 요약하고 있다.

마음은 언제나 산 속 매화와 함께 있고	心期獨在山中梅
밤마다 매화송이 어루만지는 꿈뿐일세	溪夢夜夜探梅萼

매화시의 한 구절이다. 이런 이황의 매화 사랑은 두향을 향한 그리움이 투영된 것일 수도 있지 않을까 싶다. 이황이 단양군수 시절 두향을 가까이 할 때 두향이 선물한 매화분을 각별히 사랑했다. 또 두향에게 받아 뜰에 심었던 청매화 한 그루는 도산서당으로 옮겨와 심었고, 잘 자라서 맑고 아름다운 꽃을 피웠다. 이 나무는 고사했으나 다행히 그 자목(子木)이 서원 뒤편 지금의 광명실 앞에서 잘 자라 해마다 2월 중순이면 꽃을 피웠다. 그러나 이 자목도 1996년에 고사하고 말았다고 한다.

지금도 도산서원 곳곳에 매화나무가 있지만, 특별한 계보가 있는 것들은 아니다. 이황의 『매화시첩』에 실려 있는 시는 42세 이후 별세 때까지의 시들인데, 대부분은 두향을 만난 이후에 지은 작품들이다. 그러니 그의 매화 사랑과 두향 사랑을 따로 볼 수는 없지 않을까 싶다. 두향과 이별한 후 이황은 두향이 준 매화를 늘 가까이 두고 사랑을 쏟으며 두향을 보듯 매화를 애지중지했을 것이다.

2

이이와 유지

: 27세 연하의 어린 기생을 향한 선비의 순수한 사랑

아득한 들판에 달은 어둡고
빈 숲에는 범 우는 소리 들리는데
나를 뒤밟아 온 건 무슨 뜻인가
옛날의 명망 생각해서라 하네

문을 닫는 건 인정 없는 일
같이 눕는 건 옳지 않은 일
가로막힌 병풍이야 걷어치워도
자리도 달리 이불도 달리

율곡(栗谷) 이이(1536~1584)가 기생 유지(柳枝)에게 써준 글 중 일부다. 이이의 애틋하고 안타까
워하는 마음이 잘 드러나 있다.

"신생은 언제나 여색(女色)을 멀리했다. 일찍이 누님을 뵈러 황주(黃州)에 갔었는데 유명한 기
생이 선생의 방에 들어오자 곧 촛불을 켜고 거절했다. 함께 어울리면서도 휩쓸리지 않음이
이러하였다."

이 글은 사계(沙溪) 김장생이 쓴 것이다. 여기서 '선생'은 이이를, 기생은 유지를 말한다. 두
사람 사이에 무슨 사연이 있었을까. 27세 연상의 이이와 유지의 사랑은 참으로 아름답다.
육체적인 관계를 떠난 이성 간의 인간적이고 정신적인 사랑이 각별하게 다가오는 사랑 이
야기다.

열두 살 소녀와 39세 대학자의 만남

이이가 유지를 처음 만났을 때 유지의 나이는 열두 살 어린 소녀였고, 이이는 39세였다. 건강이 좋지는 않았지만 정력이 왕성할 때이기도 했다. 도학자로서 심신수양에 매진하던 장년기였다.

이이는 1574년 황해도 관찰사로 임명받고 임지인 해주 관아에 도착했다. 이이가 황해도 관찰사가 된 데는 특별한 이유가 있었다. 당시 이이는 몸이 약해져 임금이 관직을 내려도 여러 차례 사양하기를 반복했다. 그래도 조정은 그의 학식과 품성을 높게 사 중요한 관직을 제수하여 맡기고자 했다. 이이가 약해진 몸을 요양하려고 황해도 해주에 있는 처가나 황주에 있는 누이 집으로 자주 간다는 것을 알고, 관찰사를 하며 요양을 같이 하라는 뜻으로 황해도 관찰사에 임명했고, 이이는 이를 받아들였다.

이이가 해주 관아에서 여장을 풀고 저녁상을 받는데, 어린 기생인 동기(童妓)가 따라 들어왔다. 동기의 이름은 유지였고, 나이는 열두 살이었다. 이이의 나이는 39세였으니 몇 번째 딸 정도의 나이에 불과했던 것이다. 이이는 그래서 총명하고 예쁜 유지를 귀여워했으나 가까이 하지는 않았다. 술시중은 들게 하였으나 이야기만 나누었을 뿐이다.

유지는 이이에게 자신의 부친은 선비이고 모친은 양가집 여인이었으며, 어려서 부모님을 잃고 기적에 오르게 되었다는 사연을 들려주었다. 이이는 이런 유지를 따뜻하게 대하며 칭찬과 격려의 말과 함께 삶에 필요한 가르침들을 주곤 했다.

얼마 후 이이는 임기가 끝나 한양의 집으로 돌아갔지만, 어린 기생 유지는 이이가 마음에서 떠나지 않았다. 이이의 각별한 사랑과 따뜻한 마음을 가슴 깊이 간직한 유지는 언젠가는 이이를 다시 모실 날이 오겠지 하는 마음으로 기다렸다.

9년 후의 재회

세월이 흘러 9년이 지난 후 이이는 명나라 사신을 맞이하는 원접사(遠接使: 조선시대 중국 사신을 영접하기 위하여 둔 임시 관직)로 평양에 가는 길에 해주 관아에 들러 하룻밤을 지내게 되었다. 그날 밤에 율곡의 침소로 유지가 찾아왔다. 그동안 유지는 몰라볼 정도로 성숙했고, 적당하게 핀 꽃처럼 아름다웠다. 연모의 마음을 간직하며 기다려온 유지는 이날 밤 이이를 모시려 했으나 이이는 받아들이지 않았다. 유지는 더욱더 이이를 존경하며 연모하게 되었다. 하지만 또다시 기약 없이 다시 만날 날을 기다릴 수밖에 없는 처지가 되었다.

해가 바뀌어 이이는 요양을 위해 황주에 있는 누님 집에 가는 길에 유지가 보고 싶어 해주에 들렀다. 유지를 다시 만나 같이 술을 나누며 회포를 푼 이이는 황주로 갔다가 돌아와 해주 근처 강마을에 머물렀다. 황해도 재령 부근에 있는, 강이 흐르는 밤고지 마을이었다. 밤고지 마을은 재령 고을에서 한 60리쯤 북쪽에 있는 율관진을 말한다. 밤중에 이곳으로 유지가 찾아왔다. 이이가 병환으로 별세하기 3개월여 전인 1583년 9월 28일 밤의 일이다.

당시 이이는 판돈녕부사(判敦寧府事)에 임명되자 상소를 올리며 사양했으나 임금이 윤허하지 않았고, 다시 이조판서에 제수되자 재차 소를 올려 사양했으나 역시 윤허하지 않았다. 건강이 많이 좋지 않았던 이이는 황해도 황주의 누나 집으로 요양하러 간 것이다.

한밤중에 찾아온 유지가 이이를 보니 얼마 안 있으면 별세할 것 같은 예감이 들었다. 이이는 병들어 기력이 없는 상태였다. 이이는 이날 밤 유지와 밤새도록 진심을 나누는 각별한 시간을 가졌다. 이때 이이는 당시의 상황과 유지에 대한 마음을 담은 글과 시를 지어 유지에게 주었는데, 그것이 지금까지도 전해지고 있다. 제목은 따로 없고 「유지사(柳枝詞)」라 불린다.

▼ 이이가 태어나고 자란 생가인 강릉 오죽헌

현재 이화여대 박물관에 소장되어 있다.

"유지는 선비의 딸이다. 몰락해 황강(黃岡: 현재의 황주) 관아의 기생으로 있었다. 1574년 내가 황해도 감사(관찰사)로 갔을 적에 동기(童妓)로 내 시중을 들었다. 섬세하고 용모가 빼어난 데다 총명해서 내가 쓰다듬고 어여삐 여겼으나 처음부터 정욕의 뜻은 품지 않았다.

후에 내가 원접사가 되어 평안도를 오갈 적에 유지는 항상 마을에 있었지만, 하루도 서로 가까이 보지는 않았다. 계미년(1583년) 가을, 내가 해주에서 황주로 누님을 뵈러 갔을 때 유지를 데리고 여러 날 동안 술잔을 같이 들었다. 해주로 돌아올 적에는 절(蕭寺)에까지 나를 따라와 전송해주었다. 그리곤 이별한 뒤 내가 밤고지(栗串)라는 강마을에서 묵고 있었는데, 밤중에 어떤 이가 문을 두드리기에 보니 유지였다. 방긋 웃고 방으로 들어오므로 나는 이상히 여겨 그 까닭을 물었더니 이렇게 대답했다.

'대감의 명성이야 온 국민이 모두 다 흠모하는 바인데, 하물며 명색이 기생인 계집이 어떠하겠습니까. 게다가 여색을 보고도 무심하오니 더욱 탄복하는 바이옵니다. 이제 떠나면 다시 만나기를 기약하기 어렵기에 이렇게 감히 멀리까지 온 것이옵니다.'

그래서 마침내 불을 밝히고 이야기를 주고받았다. 아! 기생이란 다만 뜬 사내들의 다정이나 사랑하는 것이거늘, 누가 도의(道義)를 사모하는 자가 있는 줄 알았으랴. 더욱이 그 사랑을 받아들이지 않았는데도 부끄럽게 여기지 아니하고 도리어 감복했다고 하니 더욱더 보기 어려운 일이로다.

안타까워라! 이런 여자로서 천한 몸이 되어 고달프게 살아가다니. 더구나 지나는 이들이 내가 혹시 잠자리를 같이 하지 않았나 의심하며 저를 돌아보아주지 않는다면 국중일색(國中一色)이 더욱 애석하겠구나. 그래서 노래로 읊고 사실을 적어, 정에서 출발하여 예의에 그친 뜻을 알리는 것이다. 보는 이들은 자세히 알도록 하시라."

아아! 황해도에 사람 하나	若有人兮海之西
맑은 기운 모아 선녀 자질 타고 났네	鍾淑氣兮禀仙姿
생각이며 자태 곱기도 해라	綽約兮意態
얼굴이랑 말소리도 맑구나	瑩婉兮色辭

새벽하늘 이슬같이 맑은 것이	金莖兮沆瀣
어쩌다 길가에 버려졌던가	胡爲委乎路傍
봄이 한창인 청춘의 꽃 피어날 때	春半兮花錠
황금 집으로 옮기지 못하는가 슬프다 그대의 아름다움이여	
	不薦金屋兮哀此國香

처음 만났을 땐 아직 안 피어	昔相見兮未開
정만 맥맥히 서로 통했고	情脈脈兮相通
중매 서는 이 가고 없어	靑鳥去兮蹇脩
먼 계획 어긋나 허공에 떨어졌네	遠計參差兮墜空

좋은 기약 다 놓치고서	展轉兮愆期

허리띠 풀 날은 언제일까   解佩兮何時

아아! 황혼에 와서야 만나니   曰黃昏兮邂逅

모습은 옛날 그대로구나   宛乎昔之容儀

지난 세월 그 얼마였던가   曾日月兮幾何

슬프다 인생의 무성한 푸르름이여   悵綠葉兮成陰

나는 몸이 늙어 여색을 버려야겠네   矧余衰兮開閤

세상 욕정 대해도 마음은 식은 재 같으니   對六塵兮灰心

저 아름다운 여인이여   彼姝姿兮妧姉

사랑의 눈길을 돌리는가   秋波回兮眷眷

황주 땅에 수레 달릴 때   適駕言兮黃岡

길은 굽이굽이 멀고 더디구나   路逶遲兮遐遠

절간에서 수레 머물고   駐余車兮蕭寺

강둑에서 말을 먹일 때   秣余馬兮江湄

어찌 알았으랴 어여쁜 이 멀리까지 따라와   豈料粲者兮遠追

밤중에 내 방문 두드릴 줄을   忽入夜兮扣扉

아득한 들판에 달은 어둡고   迥野兮月黑

빈숲에는 범 우는 소리 들리는데   虎嘯兮空林

나를 뒤밟아 온 건 무슨 뜻인가   履我卽兮何意

옛날의 명망을 생각해서라 하네 　　　　　　懷舊日之德音

문을 닫는 건 인정 없는 일 　　　　　　　　閉門兮傷仁
같이 눕는 건 옳지 않은 일 　　　　　　　　同寢兮害義
가로막힌 병풍이야 걷어치워도 　　　　　　撤去兮屛障
자리도 달리 이불도 달리 　　　　　　　　　異狀兮異被

은정을 다하지 못하니 일은 틀어져 　　　　思未畢兮事乖
촛불 밝히고 밤을 새우네 　　　　　　　　　夜達曙兮明燭
하느님이야 어이 속이리 　　　　　　　　　天君兮不欺
깊숙한 방에도 내려와 보시나니 　　　　　　赫臨兮幽室
혼인할 좋은 기약 잃어버렸다고 　　　　　　失氷泮之佳期
차마 몰래 하는 짓이야 하겠는가 　　　　　忍相從兮鑽穴

동창이 밝도록 잠 못 이루다 　　　　　　　明發兮不寐
갈라서자니 가슴엔 한만 가득 　　　　　　　恨盈盈兮臨歧
하늘엔 바람 불고 바다엔 물결치고 　　　　天風兮海濤
노래 한 곡조 슬프기만 하구나 　　　　　　歌一曲兮悽悲

아아! 본래 마음은 밝고도 깨끗해 　　　　　緊本心兮皎潔
가을 강물 위에 차가운 달이로구나 　　　　湛秋江之寒月
마음에 선악 싸움 구름같이 일 때 　　　　　心兵起兮如雲

그중에도 더러운 것 색욕이거니　　　　　　　最受穢於見色

선비의 탐욕이야 진실로 그른 것이고　　　　　士之耽兮固非

계집의 탐욕이야 말해 무엇하나　　　　　　　女之耽兮尤惑

마음을 거두어 근원을 맑히고　　　　　　　　宜收視兮澄源

밝은 근본으로 돌아가리라　　　　　　　　　　復厥初兮淸明

내생이 있단 말 빈말이 아니라면　　　　　　　倘三生兮不虛

죽어 저 *부용성에서 너를 만나리　　　　　　逝將遇爾於芙蓉之城

다시 짧은 시 3수를 써 보인다.

이쁘게도 태어났네 선녀로구나　　　　　　　　天姿綽約一仙娥

10년을 서로 알아 익숙한 모습　　　　　　　　十載相知意態多

이 몸인들 목석 같기야 하겠냐마는　　　　　　不是吳兒腸木石

병들고 늙었기로 사절한다네　　　　　　　　　只緣衰病謝芬華

헤어지며 정인처럼 서러워하지만　　　　　　　含悽遠送似情人

서로 만나 얼굴이나 친했을 따름이네　　　　　只爲相看面目親

다시 태어나면 네 뜻대로 따라가련만　　　　　更作尹那從爾念

병든 이라 세상 정욕은 이미 재 같구나　　　　病夫心事已灰塵

길가에 버린 꽃 아깝고 말고　　　　　　　　　每惜天香葉路傍

*운영(雲英)처럼 배항(裵航)을 언제 만날까 　　雲英何日遇裵航

둘이 같이 신선될 수 없는 일이라 　　　　瓊漿玉杵非吾事

떠나며 시나 써주니 미안하구나 　　　　臨別還慙贈短章

1583년 9월 28일 　　　　　　　　　　癸未 九秋 念八日

병든 늙은이 율곡이 밤고지 강마을에서 쓰다栗谷病夫 書于 栗串江村

　이 글은 이이 자신과 유지의 교분관계를 서술한 부분과 유지에 대한 생각을 장문의 운문시로 묘사한 부분, 유지에 대한 정을 칠언절구 3수로 표현한 부분으로 나눌 수 있다.

　첫 부분에서 그동안에 일어난 유지와의 일들을 상세하게 적고 있다. 마지막에 글을 보는 이들이 오해할 것을 염려해 두 사람의 관계는 '정'에서 시작해 '예'로 끝난 순수하고 깨끗한 관계였음을 강조해 밝히고 있다.

　가운데 부분의 운문시에서는 유지를 어여삐 여기고 몹시 아끼는 이이의 마음이 절절히 묻어난다. 장차 죽어서 저승의 좋은 곳(부용성)에서 다시 만나겠다는 마지막 구절에서 그런 마음이 절정으로 치닫는다.

　마지막으로 다시 한 번 자신의 마음을 담은 칠언절구 3수로 마무리하고 있다. 이 마지막 부분에 대해서는 그 정황으로 보아 이이와 유지가 서로 운을 띄우고 시를 주고받은 것 같다고 이야기하는 이도 있다.

　이이가 유지에게 이 같은 친필의 글(柳枝詞)을 써준 것을 보면 유지를 정말 아끼고 사랑한 것을 알 수 있다. 아무리 순수한 사랑이라 하더라도 저명한 학자가 기생과의 일화를 친필로 남길 경우 호사가들의 입방아에 오르기 마련이기 때문이다. 조선시대가 어떤 사회였는가.

그럼에도 불구하고 이이가 이런 글을 남긴 것은 유지와 자신이 육체적 관계가 전혀 없었음을 분명하게 밝힘으로써, 자신 때문에 유지의 명예가 손상되거나 앞날에 장애가 되는 일이 없게 하려는 배려의 마음이 강했을 것이다.

이이 별세 후 유지는 이이의 친필 「유지사」를 첩(帖)으로 만들고 황주를 지나는 사대부들을 찾아다니면서 「유지사」에 대한 화답을 요청했다. 경우에 따라서는 한 사람에게 두 번 이상 찾아가서 화답시를 받기도 했다. 유지의 이와 같은 행위는 이이가 별세한 지 25년이 지난 1609년까지도 계속되었다 한다. 유지의 이런 행위는 율곡에 대한 사랑을 얼마나 소중하게 생각했는지 확인할 수 있는 일이기도 하다.

유학자가 기생에게 써준 시라고는 믿기 어려울 정도로 진솔하고 감성적인 표현들이라 더 특별한 감동을 주는 「유지사」는 조선 후기에도 사대부들 사이에 화제가 되면서 더러 읽혀졌다. 하지만 아쉽게도 이이의 문집에 수록되지 못했기 때문에 독자의 폭은 제한적일 수밖에 없었다. 이이의 문집이 여러 번 간행되었음에도 불구하고 유지에게 준 글들이 한 번도 문집에 수록되지 못했던 것은 편찬자들이 모두 이 작품을 보지 못해서가 아니라 의도적으로 삭제했기 때문일 것으로 추측된다.

그것을 알 수 있는 자료가 치암(恥菴) 이지렴이 율곡 문집을 편찬하고 있던 현석(玄石) 박세채에게 보낸 편지다. 이 편지에 의하면 박세채가 편찬한 율곡 문집 초고본(草稿本)에는 「유지사」와 오언율시 등 유지와 관련된 글들이 모두 포함되어 있었다. 그러나 이와 같은 사실을 알게 된 이지렴이 박세채에게 이 글들을 삭제해줄 것을 요청했고, 박세채는 그 요청에 따라 이 글들을 삭제했다. 유지와 관련된 글들이 '율곡의 성대한 덕에 누가 된다고 할 수는 없지만 후세에 모범이 되는 일도 아니므로 삭제하는 것이 옳다'는 이지렴의 주장을 수용한 것이다.

박세채의 『남계견문록』에 의하면, 이이가 세상을 떠난 뒤에 유지는 서울로 달려 올라와 곡하고 또 그대로 삼년상을 치렀다고 한다.

〈율곡은〉

율곡(栗谷) 이이(1536~1584)는 퇴계 이황과 함께 조선 성리학을 대표하는 선비다. 두 사람은 35년이라는 나이 차이가 있었지만 학문(성리학)에 대한 열정과 공감대 덕분에 만나자마자 서로 통했고, 학문적으로 보완하는 관계가 되었다. 이황이 새로운 시대 사상인 성리학을 완벽하게 이해했다면, 이이는 이황이 이룩한 학문적 토대 위에서 성리학을 조선에 토착화시켰다는 평가를 받는다.

율곡(栗谷), 석담(石潭), 우재(愚齋) 등을 호로 사용한 이이는 1536년 사헌부 감찰을 지낸 이원수와 사임당 신씨의 셋째 아들로, 외가가 있던 강원도 강릉에서 태어났다.

1548년 13세 때 진사시에 합격했으며, 조광조의 문인인 휴암(休菴) 백인걸에게 학문을 배웠다. 1554년 금강산 마하연으로 들어가 불교를 공부했으나, 이듬해 하산해 외가인 강릉으로 돌아와 스스로를 경계하는 '자경

문(自警文)'을 짓고 다시 성리학에 전념했다.

　　1557년에 성주목사 노경린의 딸과 혼인하고, 이듬해 예안(禮安)에 낙향해 있던 이황을 찾아가 성리학에 관한 논변을 나누었다. 1558년 별시(別試)에서 천문·기상의 순행과 이변 등에 대해 논한 「천도책(天道策)」을 지어 장원으로 급제했다. 또한 1564년에 실시된 대과에서 문과의 초시·복시·전시에 모두 장원으로 합격해 '삼장장원(三場壯元)'으로 불렸다. 이이는 또한 그가 응시한 아홉 차례의 과거에 모두 장원으로 합격해 '구도장원공(九度壯元公)'으로 불리기도 했다.

▼ 율곡 이이 동상(강릉 오죽헌 근처)

　　조선의 선비들, 사랑에 빠지다

대과에 급제한 1564년에 정6품 호조좌랑으로 관직에 나선 뒤에 예조와 이조의 좌랑을 거쳐 왕에 대한 간쟁과 논박을 담당하던 사간원 정언과 사헌부 지평 등 대간(臺諫)의 직위에 있었다. 1569년 홍문관 부교리로서 역사의 기록과 편찬을 담당하던 춘추관 기사관을 겸하여 『명종실록』 편찬에 참여하기도 했다.

1570년에는 관직에서 물러나 황해도 해주에서 학문에 전념했다. 1571년 청주목사로 다시 관직에 올랐으나 이듬해 관직에서 물러나 해주로 낙향했다. 1573년 다시 조정의 부름을 받아 승정원의 동부승지·우부승지를 역임했으며, 1574년 당시 사회문제들에 대한 구체적인 대책을 논한 '만언봉사(萬言封事)'를 써서 선조에게 바쳤다. 그해 사간원 대사간으로 임명되었으나 이를 사양하고 낙향했다. 하지만 다시 황해도 관찰사가 되어 관직에 올랐다.

홍문관 부제학으로 있던 1575년 선조에게 제왕학 지침서인 『성학집요(聖學輯要)』를 저술해 제출하였고, 1577년에는 관직에서 물러나 해주로 낙향해 어린이 교육을 위한 『격몽요결(擊蒙要訣)』을 편찬했다.

대사헌과 이조판서 등을 거쳐 1583년에는 병조판서가 되어 선조에게 '시무육조(時務六條)'를 지어 바치며 십만양병설 등의 개혁안을 주장했다. 그러나 당쟁을 조장한다는 동인(東人)의 탄핵을 받아 관직에서 물러났으며, 이후 다시 이조판서와 판돈녕부사(判敦寧府事) 등으로 임명되었다. 1584년 음력 1월 16일에 49세의 나이로 서울 대사동(大寺洞)에서 별세했다.

1624년에 '문성(文成)'이라는 시호를 받았다.

3

서경덕과 황진이

: 명기를 감복시킨 한 도학자의 담담한 사랑

마음이 어린 후니 하는 일이 다 어리다
만중운산(萬重雲山)에 어느 임 오리마는
지는 잎 부는 바람에 행여 그인가 하노라

'어리다'는 '어리석다'는 뜻이다. 도학자 화담(花潭) 서경덕(1489~1546)의 시조다. 이 시조에서
임은 기생 황진이를 가리키는 것으로 보기도 한다. 야담(野談)에 따르면 황진이는 생불(生佛)
이라 불리던 지족선사를 유혹하여 파계시켰으며, 또 서경덕도 유혹하였지만 그는 황진이
의 유혹에 넘어가지 않았다. 이후 황진이는 서경덕을 스승으로 평생 모시며 사제(師弟)의 정
을 나누었다. 이런 이야기를 근거로 하여 서경덕이 사제의 정을 나누던 황진이를 그리워하
며 쓴 것으로 추정된다.

임을 향한 그리움이 사무쳐, 낙엽 지는 소리도 기다리던 임의 발자국 소리로 착각한다는
표현으로 애틋하고 간절한 마음을 잘 담아내고 있다. 서경덕과 황진이의 사랑 이야기 속으
로 들어가보자.

서경덕을 유혹하러 간 황진이

송도(개성의 옛 이름)는 송도삼절(松都三絶)로 유명하다. 송도에서 빼어나게 뛰어난 세 가지를 말하는 송도삼절은 바로 박연폭포, 서경덕, 황진이다. 이 송도삼절은 황진이가 서경덕의 존재를 알고 난 후 스스로 정한 것이다. 박연폭포는 성거산과 천마산 사이에 걸쳐 있고, 박연폭포에서 멀지 않은 성거산에는 서경덕이 은거하고 있었다.

비가 내리는 어느 여름날, 이 성거산 기슭을 홑저고리와 홑치마만 입고 내리는 비를 맞으며 걷고 있는 여인이 있었다. 비를 흠뻑 맞아 옷이 몸에 달라붙어 나체 못지않게 육감적인 몸매를 적나라하게 드러내고 있었다. 여인은 그런 모습으로 한 초당으로 들어섰는데, 거기에는 한 선비가 홀로 기거하고 있었다. 조용히 글을 읽고 있던 선비는 아리따운 반라의 여인을 보자 말했다.

"왠 비를 이리도 맞았는가? 어서 들어오시게!"

선비는 여인을 스스럼없이 맞아주었다. 그러면서 비에 젖은 몸을 말려야 한다며 손수 여인이 옷을 벗는 것을 도와주었다. 알몸이 되도록 옷을 벗기고 직접 물기까지 닦아주는 선비를 보고 여인은 속으로 쾌재를 불렀다. 선비의 다음 반응을 기대하며 아름다운 전라의 몸으로 요염한 자세를 취했는데, 여인의 몸에서 물기를 다 닦아낸 선비는 차분히 이부자리를 펼 뿐이었다. 그래도 여인은 '도가 높은 학자라 해도 똑같은 남자이니 별 수 없겠지.'라고 생각하며 알몸으로 이부자리에 누웠다. 그러나 기대와는 달리 선비는 눈도 깜짝 안 하며 마른 이불을 덮어주고 몸을 말리라고 한 뒤

옆에 있는 책상에 꼿꼿한 자세로 앉아 글을 읽기 시작했다.

'참고 있겠지. 얼마 안 있다가 나한테로 올 거야.'

하지만 시간이 한참 지나도 선비는 책상 앞에서 여전히 책을 보고 있었다. 여인은 자존심도 상하고 오기가 발동했다. 이불을 걷어치우고 벌거벗은 몸을 무기로 노골적으로 유혹했지만 변화가 없었다. 한밤중인 자시가 되자 선비는 책상에서 물러났다. 여인은 '이제 본색을 드러내겠지.' 하고 기다렸다. 하지만 옆에 누운 선비는 곧 가볍게 코를 골며 잠들어버렸다.

여인은 포기하고 이 선비는 역시 소문대로 도가 높은 사람인가 생각하며 이런저런 상념으로 뒤척이다가, 새벽녘에 혹 남성 구실을 못하는 사람이 아닌가 싶어 선비의 양물을 훔쳐보았다. 크고 우람했다.

어느새 잠든 여인이 아침에 눈을 떴을 때 선비는 먼저 일어나 아침밥까지 차려 놓고 있었다. 여인은 자신의 행동과 생각을 부끄러워하며 선비가 차려준 아침을 먹고 초당을 떠났다. 선비를 진심으로 존경하고 연모하게 되었음은 물론이다.

여인은 황진이, 선비는 서경덕이었다.

서경덕의 제자가 된 황진이

며칠 후 황진이는 서경덕이 머물던 성거산 초당을 다시 찾았다. 이번에는 소박하고 정갈한 모습으로 정성 들여 장만한 음식을 들고서였다. 서경덕은 이번에도 반갑게 맞았다. 방안에 들어선 황진이는 서경덕에게 큰절을 올리며 제자로 삼아달라고 요청했다.

이렇게 해서 스승과 제자 관계이면서 사랑하는 연인으로서의 삶이 시작되었다. 연인이었지만 어느 야사에도 두 사람이 운우지락을 나누었다는 기록은 없다. 애틋한 연민의 정과 흠모하는 마음만 오갔을 뿐이었다. 어느 날 황진이가 서경덕에게 말했다.

"송도에는 꺾을 수 없는, 빼어난 것이 세 가지가 있습니다."

서경덕이 황진이를 쳐다보며 다음 말을 기다렸다.

"첫째가 박연폭포요. 둘째가 선생님이십니다."

서경덕이 미소를 지으며 셋째를 물었다.

"세 번째는 바로 접니다."

이렇게 해서 송도삼절(松都三絶)이라는 말이 만들어졌다.

서경덕은 과거시험에 합격하고도 부패한 조정에 염증을 느껴 벼슬을 마다하며 일생을 학문만 벗 삼았던 대학자였다. 집이 극히 가난했던 그는 며칠 동안 굶주려도 태연자약하게 도학에만 전념하며 제자들을 가르치는 것

▲ 서경덕을 알게 된 후 황진이가 직접 정한 '송도삼절' 중 하나인 박연폭포

▲ 겸재 정선의 그림 「박연폭포」

을 큰 낙으로 여겼다. 평생을 산속에 은거하고 살았지만 정치가 타락하거나 정도에 어긋나면 개탄을 금치 못하고 임금에게 상소를 올려 잘못된 정치를 비판하곤 했다.

이런 서경덕이 송도 부근의 성거산(聖居山)에 은둔하고 있을 때 황진이가 찾아간 것이다. 서경덕은 그 인물됨이 인근에 자자하게 소문이 났고, 그 소문을 황진이도 들었다. 벽계수와 지족선사를 무너뜨린 황진이는 칭송이 자자한 서경덕에게도 도전하기로 마음먹고, 기생으로서의 노골적인 수법을 서경덕에게도 그대로 써보았던 것이다.

황진이는 용모가 출중했고 뛰어난 총명함과 예술적 재능을 두루 갖추고 있었다. 노래뿐만 아니라 학문에도 식견이 높았고 시에도 능했다. 당시 잘 나가던 선비들은 이런 황진이를 만나 하룻밤 보내는 것을 대단한 자랑거리로 여겼다. 황진이는 당시 생불이라 불리던 지족선사를 하루아침에 파계시켜 '십년공부 도로 아미타불'로 만드는가 하면, 호기로 이름을 떨치던 벽계수(碧溪守)라는 왕족의 콧대를 보기 좋게 꺾어 놓기도 했다. 황진이가 벽계수를 유혹하며 지은 시조다.

청산리(青山裏) 벽계수(碧溪水)야 수이 감을 자랑 마라
일도창해(一到蒼海)하면 돌아오기 어려우니
명월(明月)이 만공산(滿空山)하니 쉬어간들 어떠리

이런 이야기도 전한다. 어느 날 대제학과 판서를 지낸 소세양이 황진이가 뛰어난 명기라는 소문을 듣고 "나는 한 달간 황진이와 같이 살아도 능히 헤어질 수 있으며 추호도 미련을 갖지 않을 것이다. 단 하루라도 더 머물면 사람이 아니다."라고 장담했다.

이 소문을 들은 황진이가 의도적으로 소세양을 찾았고 소세양은 그녀를 보자 바로 넋을 잃었다. 만난 지 한 달이 지나고 마침내 이별하는 날이 왔다. 이때 황진이가 작별을 기념하며 한시 「봉별소판서세양(奉別蘇判書世讓)」을 지어주었다. 소세양은 이 시를 보고는 "내가 사람이 아니라도 좋다."라고 말하며 처음의 호언장담을 꺾고 한참 더 머물게 되었다.

달 아래 오동잎 모두 지고   月下梧桐盡
서리 속 들국화 노랗게 피었구나   霜中野菊黃

누각은 높아 하늘에 닿고 　　　　　　　樓高天一尺

오가는 술잔은 취하여도 끝이 없네 　　　　人醉酒千觴

흐르는 물은 거문고처럼 맑고 　　　　　　流水和琴冷

매화는 피리 소리에 젖어 향기롭기만 하네 　梅花入笛香

내일 아침 임 보내고 나면 　　　　　　　明朝相別後

사무치는 정 푸른 물결처럼 끝없으리 　　　情與碧波長

　황진이는 당대의 명창인 선전관 이사종(1543~1634)과는 6년간을 약정하고 함께 살기도 했다. 이처럼 여러 인사들과 자유분방한 사랑을 나눴지만, 서경덕에 대해서는 오직 존경하고 흠모하는 마음으로 일관했다. 서경덕을 사모한 황진이는 거문고와 술을 가지고 화담의 거처에 가서 즐기다 돌아가곤 했다. 황진이는 "지족선사가 10년을 면벽(面壁)하며 수양했으나 내게 지조를 꺾였지. 그러나 오직 화담 선생만은 여러 해를 가깝게 지냈으나 끝내 흐트러지지 않으니 참으로 성인이라 할 만하지."라고 말하곤 했다고 한다. 성거산에 은거하여 살던 서경덕도 이런 황진이를 마음에 두고 있었음을 알 수 있다. 그의 다음 시조가 이를 말해주고 있다.

마음이 어린 후니 하는 일이 다 어리다

만중운산(萬重雲山)에 어느 임 오리마는

지는 잎 부는 바람에 행여 그인가 하노라

　추풍에 지는 낙엽 소리를 임이 오는 소리인가 여긴다는 마음을 표현,

임을 향한 간절한 그리움을 잘 드러내고 있다. 황진이 역시 서경덕을 몹시 연모하며 애태웠음은 물론이다. 아래에 있는 황진이의 시는 서경덕에 대한 마음을 표현한 것으로 보기도 한다.

내 언제 무신(無信)하여 임을 속였기에
월침삼경(月沈三更)에 올 뜻이 전혀 없네
추풍(秋風)에 지는 잎 소리야 낸들 어이 하리오

아래 시조는 서경덕이 별세한 후 지은 것으로 보이는 작품이다. 이 작품에서 인걸은 서경덕을 지칭한 것으로 해석된다.

산은 옛 산이로되 물은 옛 물이 아니로다
주야에 흐르니 옛 물이 있을소냐
인걸도 물과 같아서 가고 아니 오노메라

1546년 서경덕이 별세한 후 황진이는 서경덕을 떠올리며 그의 발자취가 남은 금강산, 속리산 등을 찾아다녔다. 그러다 결국 세속의 모든 인연을 끊고 세상의 이목을 피해 전국을 떠돌아다니다 세상을 떠났다. 서경덕과 황진이의 관계에 대해 허균의 문집 『성소부부고』는 다음과 같이 기록하고 있다.

"진랑(황진이)은 화담의 사람됨을 사모했다. 반드시 거문고와 술을 가지고 화담의 거처에 가서 노래하고 거문고를 타면서 즐긴 다음에 떠나갔다. 매양 말하기를 '지족선사가 30년을 수양했으나 내가 그의 지조를 꺾었다. 오직 화담 선생은 여러 해를 가깝게 지냈지만 끝내 관계하지 않았으니 참으로 성인이다.'라고 했다. 죽을 무렵에 집안사람들에게 '출상할 때 제발 곡하지 말고 풍악을 잡혀서 인도하라.'고 말했다."

유몽인의 『어우야담(於于野譚)』에는 이렇게 전하고 있다.

"황진이는 화담 서경덕이 처사(處士)로서 행실이 고상하고 벼슬에 나아가지 않았으나 학문이 정수(精髓)하다는 소문을 들었다. 그래서 그를 시험해보려고 허리에 실띠를 묶고 『대학』을 옆에 끼고 찾아가 절을 한 뒤 말했다.

'제가 듣기로는 『예기』에 남자는 가죽띠를 매고 여자는 실띠를 맨다고 했습니다. 저도 학문에 뜻을 두어 실띠를 두르고 왔습니다.'

화담은 웃으며 받아들여 가르쳤다. 진이는 밤을 틈타 곁에서 친근하게 굴면서 마등(魔登)이 아난(阿難)을 어루만진 것처럼 음란한 자태로 유혹했다. 여러 날 그렇게 했다. 하지만 화담은 끝내 조금도 흔들리지 않았다."

세월이 흐른 후 평소 황진이를 그리워하며 동경하던 백호(白湖) 임제(1549~1587)가 1583년 평안도 도사가 되어 임지로 부임하는 길에 송도의 황진이 무덤을 찾아가 술잔을 올린 뒤 시조 한 수를 지어 애도하기도 했다.

청초(靑草) 우거진 골에 자는가 누웠는가

홍안(紅顔)은 어디 두고 백골만 묻혔는가

잔(盞) 잡아 권할 이 없으니 그를 슬퍼하노라

〈서경덕은〉

조선 중기의 대학자인 서경덕은 이(理)보다 기(氣)를 중시하는 독자적인 기일원론(氣一元論)을 완성해 주기론(主氣論)의 선구자가 되었다.

개성 출신이며, 호는 화담(花潭). 1502년 『서경』을 배우다가 태음력의 수학적 계산인 일(日)·월(月) 운행의 도수(度數)에 의문이 생기자 보름 동안 궁리하여 스스로 해득하였다. 1506년 『대학』의 「치지재격물(致知在格物)」조를 읽다가 "학문을 하면서 먼저 격물을 하지 않으면 글을 읽어서 어디에 쓰리오."라고 탄식하고, 천지만물의 이름을 벽에다 써 붙여 두고는 날마다 힘써 탐구했다. 1507년 선교랑(宣教郎) 이계종의 딸과 결혼했다.

특히 20세 때는 잠자는 것도 먹는 것도 자주 잊은 채 사색에만 잠기는 습관이 생겨 3년을 그렇게 지냈다는 일화도 있다. 이러한 일화들은 서경덕이 사색과 궁리를 통해 직접 깨닫는 데 힘을 쏟았음을 말해준다.

1519년 조광조에 의해 채택된 현량과(賢良科)에 수석으로 추천을 받았으나 사양하고, 연구와 교육에 힘썼다.

34세가 되던 해 그는 남쪽의 여러 곳을 유람하기 위해 길을 떠났고, 제자인 토정 이지함과 함께 지리산을 찾아갔다가 남명(南冥) 조식을 만나기도 했다.

1531년 43세에 생원시에 합격하나 성균관에서 수습 도중 개성으로 돌아와 송악산 자락의 화담 옆에 초막을 짓고 학문에 열중했다. 서경덕의 호인 화담은 바로 이곳 지명에서 따온 것이다.

1544년 김안국 등이 후릉참봉(厚陵參奉)에 추천하여 임명되었으나 사양하고, 계속 화담에 머물면서 연구와 교육에 몰두하였다. 예학에도 밝았다. 황진이의 유혹을 물리친 일화가 전해지며, 박연폭포(朴淵瀑布)·황진이와 함께 송도삼절(松都三絶)로 불렸다.

그는 주돈이(周敦頤)·소옹(邵雍)·장재(張載)의 철학사상을 조화시켜 독자적인 기일원론(氣一元論)의 학설을 제창했다. 그는 「태허설(太虛說)」에서 우주공간에 충만해 있는 원기(原氣)를 형이상학적인 대상으로 삼고, 그 기의 본질을 '태허'라 하였다. 그에 따르면 기의 본질인 태허는 그 크기가 한정이 없고 그것에 앞서는 시초도 없으며, 그 유래는 추궁할 수도 없다. 맑게 비어 있고 고요하여 움직임이 없는 것이 기의 근원이다. 또한 널리 가득 차 한계의 멀고 가까움이 없으며, 꽉 차 있어 비거나 빠진 데가 없으니 한 털끝만큼도 용납될 틈이 없다. 그렇지만 오히려 실재하니, 이것을 '무(無)'라 할 수는 없는 것이다. 생성과 소멸하는 모든 것은 무한히 변화하는 기의 율동(律動)이다.

따라서 서경덕의 기는 우주를 포함하고도 남는 무한량(無限量)한 것이며, 가득 차 있어 빈틈이 없으며, 시작도 없고 끝도 없는 영원한 존재다. 또한 스스로의 힘에 의해서 만물을 생성할 수 있으므로, 그것 이외에 어떤 원인이나 그 무엇에 의존하지 않는 것이다. 이러한 기는 모였다가 흩어지는 운동은 하지만, 기 그 자체는 소멸하지 않는다.

그의 저서 『화담집』은 그의 사상적인 면모를 밝혀주는 「원이기(原理氣)」「이기설(理氣說)」「태허」「귀신사생론(鬼神死生論)」 등의 대표적인 글을 담고 있다.

▲ 개성의 숭양서원에 모셔진 서경덕 위패

1546년 57세 때 서경덕은 자신의 죽음을 예감했다. 이미 2년 가까이 병들어 지내온 터였다. 마지막으로 목욕을 하고 임종을 앞둔 그에게 제자가 물었다. "선생님, 지금 심경이 어떠십니까?" 서경덕이 답했다. "삶과 죽음의 이치를 깨달은 지 이미 오래이니, 내 지금 마음이 편안하구나." 「사람의 죽음을 애도함(挽人)」이라는 서경덕의 시에서 이 같은 평정심을 확인할 수 있다.

만물은 어디에서 왔다가 또 어디로 가는가　　　　物自何來亦何去

음양이 모였다 헤어졌다 하는 이치는 참으로 현묘하구나

陰陽合算理機玄

구름이 생겼다 사라졌다 하는 것을 깨우쳤는가 못 깨우쳤는가

有無悟了雲生滅

만물의 이치를 알고 보면 달이 차고 기우는 것과 같도다

消息看來月望弦

원래 시작된 곳으로 다시 돌아가는 것이니 장자가 항아리 두드린 뜻을
알겠고   原始反終知鼓缶

고기를 잡고 나면 통발을 잊듯이 형체 풀려 혼백 떠남은 제자리로 돌아
가는 것이네   釋形離魄等忘筌

아하 인생이 나그네 같음을 아는 이 얼마나 되는가   堪嗟弱喪人多少

집으로 돌아가듯 본래 상태로 돌아가는 것이 죽음이라네

　　　　　　　　　　　　　　　　　　　　　　爲指還家是先天

만물은 모두 잠시 머무는 것 같아서   萬物皆如寄

한 기운 속에서 떴다 가라앉을 뿐이네   浮沈一氣中

구름 생기는 것을 보라 흔적이 있던가   雲生看有跡

얼음 녹은 뒤를 보라 자취도 없다네   氷解覓無蹤

낮이면 밝다가 밤이면 어두워지니   晝夜明還暗

으뜸과 곧음이 시작되고 끝나고 하네   元貞始復終

진실로 이런 이치를 훤히 알게 되면   苟明於此理

장자처럼 항아리 두드리며 그대를 보내리   鼓缶送吾公

〈황진이는〉

본명은 진(眞)이고, 진랑(眞娘) 또는 진이(眞伊)로도 불리었다. 기명(妓名)
은 명월(明月)이고, 개성 출신이다. 확실한 생존연대는 미상이다. 16세기

때의 사람이며 비교적 단명했던 것으로 보고 있다. 그의 생애에 대한 직접
사료는 거의 없다. 간접사료인 야사는 비교적 많지만 각양각색으로 전해
지고 있다. 또 너무나 신비화시킨 흔적이 많아서 그 허실을 가리기가 매우
어렵다.

황진이의 출생에 관해서는 황진사(黃進士)의 서녀(庶女)로 태어났다고도
하고, 맹인의 딸이었다고도 전한다. 황진사의 서녀로 다룬 기록이 숫자적
으로는 우세하다. 용모가 출중하며 뛰어난 문학적·예술적 재능을 갖추어
그에 대한 일화가 많이 전해지고 있다.

황진이의 생존연대는 여러 일화들을 종합해볼 때 조선 중종·인종·명
종 시기에 생존했던 것으로 보인다. 일화에 등장하는 인물들은 송순(宋
純), 서경덕(徐敬德), 소세양(蘇世讓), 벽계수(碧溪守), 이달(李達), 이사종(李士
宗) 등이다.

황진이가 기생이 된 동기와 관련해서는 열다섯 살 때 이웃 총각이 혼
자 황진이를 연모하다 병으로 죽자 기생의 길로 들어섰다는 이야기가 전
한다. 황진이가 기생이 된 계기를 말해 주는 일화가 조선 말기에 김택영(金
澤榮)이 지은 전기집(傳記集)인 『숭양기구전(崧陽耆舊傳)』에 남아 있다.

"열다섯 살 때 이웃에 어떤 서생이 있었는데, 황진이를 엿보고 사랑하였
다. 사통하고자 하였지만 인연을 이룰 수 없자 병이 나서 죽게 되었다. 관
이 황진이 문 앞에 이르자 말이 슬피 울며 가지 않았다. 서생이 병이 난 이
유에 대해 그 집에서 사실을 알고는 사람을 시켜 황진이에게 간청해 황진
이의 저고리를 얻어서 관을 덮어주었다. 그제야 말이 움직일 수 있었다."

황진이는 미모와 가창 뿐만 아니라 서사(書史)에도 정통하고 시가에도 능하였다. 황진이가 지은 한시에는 「박연(朴淵)」 「영반월(詠半月)」 「등만월대회고(登滿月臺懷古)」 등이 있다. 그리고 시조 작품으로 「청산리 벽계수야」 「동짓달 기나긴 밤을」 「내 언제 신이 없어」 「산은 옛산이로되」 「어져 내 일이야」 「청산은 내 뜻이요」가 남아 있다. 죽을 무렵에는 "출상(出喪)할 때에 제발 곡하지 말고 풍악을 잡혀서 인도하라."는 말을 남겼다.

벽계수와의 사랑

당시 기녀들의 소망이었던 사대부 첩 자리를 박차고 기녀라는 천한 신분을 택한 황진이는 사대부들의 이중성을 고발하고 그들을 세상의 조롱거리로 만들어 양반도 상놈과 다를 바 없는 인간이라는 것을 알리고자 했다. 학식과 권세를 겸비한 사대부들을 희롱하고자 조선 최고의 군자라고 불리던, 조선 이씨왕조의 종친인 벽계수(碧溪守)를 유혹했다. 이능화가 지은 『조선해어화사』에 전하는 이야기다.

"종실인 벽계수가 스스로 지조와 행실이 있다 하여 항상 말하기를 '사람들이 한 번 황진이를 보면 모두 현혹된다. 내가 만일 당하게 된다면 현혹되지 않을 뿐 아니라 반드시 쫓아버릴 것이다.'라고 하였다. 진이가 이 말을 듣고 사람을 시켜 벽계수를 유인했다. 때는 늦가을이었다. 달밤에 만월대에 오르니 흥이 도도하게 일어났다. 진이가 문득 소복단장으로 나와 맞이

하며 나귀의 고삐를 잡고 노래를 불렀다. 명월은 자신의 이름을 인용한 것이며, 수(守)는 수(水)로 대신했으니, 즉경(卽景)을 그대로 노래로 옮긴 것이다.

벽계수는 달 아래 한 송이 요염한 꽃을 대하고, 마치 꾀꼬리가 봄 수풀에서 지저귀고 봉황이 구소(九霄)에서 우는 것 같은 목소리를 들으니 저도 모르는 사이에 심취해 나귀 등에서 내렸다. 진이가 말하기를 '왜 나를 쫓아내지 않으세요?' 하니, 벽계수가 크게 부끄러워하였다. 그 노래는 이러하였다."

청산리(靑山裏) 벽계수(碧溪水)야 수이 감을 자랑 마라
일도창해(一到蒼海)하면 돌아오기 어려우니
명월(明月)이 만공산(滿空山)하니 쉬어간들 어떠리

황진이의 멋지고 격조 있는 즉흥시를 듣고 벽계수는 군자로서의 허울을 벗어 던졌다. 벽계수를 무너뜨린 일로 황진이는 유명세를 탔다. 벽계수에 이어 불가의 생불로 통하던 지족선사를 파계시켰다. 또한 도학군자로 이름을 날리던 화담 서경덕을 유혹하기도 했지만, 그의 높은 덕망에 감복해 제자가 되었다. 그리고 화담과 자신, 박연폭포를 '송도삼절'이라 칭했다.

황진이는 선전관 벼슬을 하던 명창 이사종과도 사랑을 나눴다. 『어우야담』에 따르면 황진이는 송도에 온 이사종의 노래를 우연히 듣고는 감탄해 그를 자기 집에 초대한 뒤 그와 6년간 살자고 하였으며, 6년간 예를 다해 첩으로 머문 후 약속대로 작별했다 한다. 그녀의 대표적 작품인 「동짓날 기나긴 밤」은 이사종과의 사랑이 낳은 작품이라고 전한다.

동짓날 기나긴 밤 한 허리를 베어 내어

춘풍(春風) 이불 아래 서리서리 넣었다가

고운 님 오신 날 밤이 되면 굽이굽이 펴리라

『송도기이』에 전하는 황진이 이야기

여러 사람이 황진이에 대한 글을 남겼는데, 그중 하나가 조선 중기의 문장가이자 정치가인 이덕형이 지은 『송도기이(松都奇異)』다. 1604년 개성에 부임하게 된 이덕형이 진복이라는 서리의 아버지에게서 황진이 이야기를 듣고 지은 글이다.

"진이는 송도의 이름난 창기(娼妓)다. 진이의 어머니 현금은 꽤 얼굴이 아름다웠다. 18세 때 병부교 밑에서 빨래를 하는데 다리 위에 형용이 단아하고 의관이 화려한 사람 하나가 현금을 눈여겨보면서 혹은 웃기도 하고 혹은 가리키기도 하므로 현금 또한 마음이 움직였다. 그러다가 그 사람이 갑자기 보이지 않았다. 이미 날이 저물어 빨래하던 여자들이 모두 흩어지자, 그 사람이 갑자기 다리 위에 와서 기둥에 기대어 길게 노래를 불렀다. 노래가 끝나자 물을 청하므로 현금이 표주박에 물을 가득 떠서 주었다. 그 사람은 반쯤 마신 후 웃으며 돌려주면서 '너도 한 번 마셔보아라.' 하였다. 마시고 보니 술이었다. 현금은 놀라고 이상히 여겼지만 그를 좋아해 드디어 진이를 낳았다.

진이는 용모와 재주가 뛰어나고 노래도 절창이었다. 사람들은 그녀를 선녀라고 불렀다. 개성유수 송공이 처음 부임했을 때 마침 절일(節日: 한 철의 명절)을 맞이하였다. 낭료(郞僚)들이 부아(府衙)에 조그만 잔치를 베풀었는데, 진이가 와서 보게 되었다. 그녀는 태도가 가냘프고 행동이 단아하였다. 송공은 풍류를 아는 사람으로 풍류장에서 늙은 사람이었다. 한 번 진이를 보자 범상치 않은 여자임을 알고 좌우를 돌아보며 '이름을 헛되이 얻은 것은 아니군.'이라고 말하며 호감을 보였다.

송공의 첩 역시 관서(關西)의 명물이었다. 문틈으로 그녀를 엿보다가 말하기를 '과연 절색이로군! 나의 일이 낭패로다.' 하고는 문을 박차고 크게 외치면서 머리를 풀고 신발을 벗은 채 뛰쳐나온 것이 여러 번이었다. 여러 종들이 붙잡고 말렸으나 결국 만류할 수 없어 송공은 놀라 일어나고 자리에 있던 손님들도 모두 물러갔다.

송공이 어머니를 위하여 수연(壽宴)을 베풀었다. 이때 서울에 있는 예쁜 기생과 노래하는 여자를 모두 불러 모았으며, 이웃 고을의 수재(守宰: 수령)와 고관들이 모두 자리에 앉았다. 붉게 분칠한 여인들이 가득하고 비단옷 입은 사람들이 떨기를 이루었다.

이때 진이는 얼굴에 화장도 하지 않고 담담한 차림으로 자리에 나왔는데, 천연한 태도가 국색(國色)으로서 광채가 나 사람들의 마음을 움직였다. 밤이 다하도록 계속된 잔치에서 손님들 중 칭찬하지 않는 사람이 없었다. 그러나 송공은 한 번도 그녀에게 시선을 보내지 않았으니, 이것은 그의 첩이 발 안에서 엿보다가 이전 같은 변을 벌일까 염려했기 때문이다.

술이 취하자 비로소 시비(侍婢)로 하여금 파라(叵羅: 술잔)에 술을 가득

부어 진이에게 마시기를 권하고, 가까이 앉아서 혼자 노래를 부르게 하였다. 진이는 얼굴을 가다듬어 노래를 부르는데 맑고 고운 노랫소리가 간들간들 끊어지지를 않고, 위로 하늘에 사무쳤으며, 고음과 저음이 다 맑고고와서 보통 곡조와는 현저히 달랐다. 이때 송공이 무릎을 치면서 칭찬하기를 '천재로구나!' 하였다.

악공 엄수는 나이가 일흔인데 가야금이 온 나라 안에서 명수요, 또 음률도 잘 터득하였다. 처음 진이를 보더니 탄식하기를 "선녀로구나!" 하였다. 노랫소리를 듣더니 자기도 모르게 놀라 일어나 말하기를 '이것은 동부(洞府: 신선이 사는 곳)의 여운(餘韻)이로다. 세상에 어찌 이런 곡조가 있으랴?' 하였다.

이때 조사(詔使: 중국에서 오던 사신)가 본부(本府)에 들어오자, 원근에 있는 사녀(士女)들과 구경하는 자들이 모두 모여들어 길옆에 숲처럼 서 있었다. 이때 한 우두머리 사신이 진이를 바라보다가 말에 채찍을 급히 하여 달려와 관(館)에 이르러 통사(通事: 통역)에게 말하기를 '너희 나라에 천하절색이 있구나.'라고 하였다.

진이는 비록 창류(娼流)이긴 했지만 성질이 고결하여 번화하고 화려한 것을 일삼지 않았다. 그리하여 비록 관부(官府)의 주석(酒席)이라도 다만 빗질과 세수만 하고 나갈 뿐, 옷도 바꾸어 입지 않았다. 또 방탕한 것을 좋아하지 않아서 시정(市井)의 천예(賤隸)는 비록 천금을 준다 해도 돌아보지 않았으며, 선비들과 함께 놀기를 즐기고 자못 문자를 해득하여 당시(唐詩) 보기를 좋아하였다. 일찍이 화담을 사모하여 매양 그 문하에 나가니, 화담도 역시 거절하지 않고 함께 담소를 나누었다. 이 어찌 절대의 명기가 아니랴!

내가 갑진년에 본부의 어사로 갔을 적에는 병화(兵火)를 막 겪은 뒤라서 관청이 텅 비어 있었으므로 나는 사관을 남문(南門) 안에 사는 서리 진복의 집으로 정했는데, 진복의 아비 또한 늙은 아전이었다. 진이와는 가까운 일가가 되고 그때 나이가 80여 세였는데, 정신이 강건하여 매양 진이의 일을 어제 일처럼 역력히 말하였다. 내가 묻기를 '진이가 이술(異術)을 가져서 그랬던가?' 하니 노인이 말하기를 '이술이란 건 알 수 없지만 방 안에서 때로 이상한 향기가 나서 며칠씩 없어지지 않았습니다.'라고 하였다.

나는 공사가 끝나지 않아 여러 날 여기에서 머물렀으므로 늙은이에게 익히 그 전말을 들었다. 그 때문에 이같이 기록하여 기이한 이야기를 널리 알리는 바다."

4

배전과 강담운

: 시로 끝없는 그리움을 달래야만 했던 애달픈 사랑

비취 주렴의 향기와 호박 비녀	翡翠簾香琥珀釵
옥가락지 산호패물 값이 얼마인데	玉環珊珮價高低
훔쳐다가 어느 집에 맡기고 술 마셨는지	偸將典飮誰家酒
철죽꽃 앞에서 잔뜩 취하셨네요	躑躅花前醉似泥

지재(只在) 강담운이 사랑하는 낭군 차산(此山) 배전(1843~1899)이 술에 취한 것을 보고 지은 시 「차산 낭군이 술 취함을 조롱함(嘲山郎醉頹)」이다.

강담운은 평양에서 기녀의 딸로 태어나 여덟 살 때 김해로 옮겨와 김해 관아의 기생이 되었고, 김해에서 문인화가이자 개화사상가인 배전을 만나 깊은 사랑을 나누게 된다. 배전은 시서화에 뛰어났던 문인화가이고, 강담운은 시를 잘 짓고 글씨도 잘 썼던 기생이다. 두 사람의 사랑으로 강담운은 배전을 향한 애틋한 사랑이 담긴 주옥같은 시들을 남기게 되었다.

오직 그대 품에만 있겠어요

강담운이 언제 태어나고 사망했는지 정확하게는 알 수 없다. 그녀가 사랑했던 배전의 기록과 그녀가 남긴 시를 통해 두 사람이 만난 시기나 강담운의 나이를 짐작할 수 있을 뿐이다.

배전을 연구하다가 1877년에 간행된 강담운의 시집 『지재당고(只在堂稿)』를 알게 된 문학박사 이성혜 씨는 강담운이 20세 전후에 배전을 만났을 것으로 추정한다. 『지재당고』는 배전이 강담운의 한시를 모아 간행한 것인데, 이 씨는 2002년 이 시들을 번역해 『그대, 그리움을 아는가』라는 제목의 책을 펴내기도 했다.

두 사람의 사랑이 어떠했을지는 그들의 호를 통해서도 짐작할 수 있다. 중국 당나라 때의 시인인 가도(賈島·779~843)의 유명한 시 「심은자불우(尋隱者不遇)」가 있다. '퇴고(推敲)'고사로 유명한 가도는 해마다 섣달 그믐날 밤이 되면 1년 동안 지은 시를 모두 상 위에다 올려놓고, 향불을 피운 후에 두 번 절을 하며 술을 올렸다 한다.

소나무 아래서 동자에게 물었더니	松下問童子
스승은 약 캐러 갔다고 하네	言師採藥去
이 산 속에 있기야 하겠지만	只在此山中
구름이 깊어 있는 곳을 알 수 없네	雲深不知處

두 사람의 호는 이 시 중 '지재차산중(只在此山中)'이란 구절에서 따온

것이다. 이 구절에서 배전은 '차산'을 취하여 자신의 호로 삼았고, 강담운은 '지재'를 취해 호로 삼았다. 강담운은 오직 차산 배전의 품 안에서 살아가고 존재할 것을 약속한 것이다. 배전 역시 마찬가지였다.

배전은 나중에 강담운의 시를 엮어 『지재당고(只在堂稿)』를 펴내면서 '일심인(一心人) 배차산(裵此山) 교(校)'라고 썼다. 강담운에 대한 사랑을 '일심인'이라고 표현한 것만 봐도 그의 마음을 충분히 짐작할 수 있다.

강담운은 여덟 살에 어머니를 따라와 김해 관아의 기생이 되었다. 그녀의 시를 통해 평안도에서 태어났다는 사실을 짐작할 뿐 아버지가 누구인지, 왜 기생이 되었는지는 알 수 없다. 강담운이 남긴 시 「옛날을 추억하며(憶昔)」 중 일부다. 그녀의 삶을 짐작해볼 수 있는 구절이다. 내용 중 '유영'은 평안도」의 병영을 이르는 말이고, '분성'은 김해, '구란'은 기녀나 배우들이 거처하는 곳이다.

옛날을 생각하고 또 생각하네	憶昔復憶昔
유영의 봄에 나고 자랐지	生長柳營春
여덟 살에 어머니를 따라	八歲隨慈母
배를 타고 남쪽 나루를 건넜네	乘潮南渡津
분성객관에 잘못 떨어져	誤落盆城館
구란에 이 몸 맡겼네	句欄委此身

강담운은 평양에서 기녀의 딸로 태어나 자라다가 여덟 살에 김해로 왔던 것으로 보인다. 그녀는 열다섯 되던 해에 결혼을 했지만 첫날밤도 지내

지 못하고 이별하게 된다. 그리고 2년 뒤 열일곱 살에 어머니를 여의고 3년 동안 견디기 어려운 슬픔에 잠긴다. 어린 나이에 인생의 쓴맛을 다 맛본 것이다.

꿈같은 청루생활 20년	如夢靑樓二十秋
급한 삼현육각 소리 물처럼 흘러갔네	催絃急管水爭流
시인은 가는 눈썹 아름답다 말하지 마오	詩人莫道嬋姸劍
애간장 도려내도 근심은 베어내지 못했다오	割盡剛腸未割愁

강담운은 이 시 「술회(述懷)」에서도 자신의 지난 인생을 돌아보고 있다. 20년의 청루생활 즉, 기녀생활을 돌아보며 애간장 다 도려내고도 근심을 남긴 채 흘러갔다고 술회하고 있다.

그리움은 시를 낳고

그녀가 배전을 언제 만났는지는 정확히 알 수 없다. 그러나 시집 『지재당고』에 대한 발문(안광묵 글)이 1877년 납일에 쓰였고, 시집이 간행된 뒤 '상우(尙友)'라는 이름으로 쓴 서문이 1878년 늦겨울에 쓴 것으로 되어 있는 점을 미루어볼 때 시집은 1877년 겨울이나 이듬해 봄에 간행된 것이라 추측할 수 있다. 그렇다면 배전과 강담운은 최소한 이보다 몇 년 전에 만났을 것이다. 1877년은 배전의 나이 33세일 때다.

陣陣清風動枕簟涼娟

小源月榜筆蕊

▲ 배전의 작품 「묵죽」

당시 강담운은 김해 관아의 기생이었고, 배전은 김해 선비로 김해 관아의 정자인 함허정에서 거처한 적이 있었으므로 두 사람의 만남은 자연스러웠을 것이다. 뛰어난 문인화가와 시를 잘 짓는 강담운의 만남은 곧바로 연인 관계로 발전한 것으로 보인다. 그러나 이때는 배전이 주로 서울에서 생활하던 때라서 두 사람 사이에 이별은 일상일 수밖에 없었다. 그런 이별로 그리움은 더욱 깊어지고 사랑의 깊이도 더해갔다.

봄바람이 역량을 일으켜	東風吹逆浪
푸른 강가에 말을 세웠네	立馬碧江濱
먼 이별될까 근심 마시고	莫愁成遠別
힘써 청운의 뜻 이루소서	努力致靑雲
몸 마른 건 원래 병 때문이니	消瘦元因病
그립다고 감히 임을 원망하리오	相思敢怨君
난꽃과 사향 귀한 줄 모르겠으니	不知蘭麝貴
계수나무 향기 물들기 바라옵니다	要染桂枝薰

「과거 보러 가는 차산 낭군을 보내며 강가에서 이별을 읊네(送山郎赴試臨江賦別)」라는 시다. 행여나 자신을 생각하느라 공부에 소홀할까를 염려하면서, 낭군을 향한 그리움으로 자신의 몸이 마른 것을 병 때문이라고 핑계를 댄다. 그러면서 과거 급제해서 계수나무 월계관 쓰기를 간절히 바라는 마음을 드러내고 있다. 하지만 끝없이 솟아나는 그리움은 어찌할 수가 없었다. 「봄날 편지를 붙임(春日寄書)」이라는 시다.

그리움 가득한 눈물방울로	滴取相思滿眼淚
붓을 적셔 그립다는 글자를 쓰네	濡毫料理相思字
뜰 앞 바람이 푸른 복사꽃에 부니	庭前風吹碧桃花
쌍쌍의 나비들 꽃을 안고 떨어지네	兩兩蝴蝶抱花墜

봄이 되어 매화가 피니 임 생각이 더욱 간절하다. 「매화를 대하며 차산

낭군을 그리워함(對梅花憶山郎)이란 시에도 그리움이 절절히 묻어난다.

매화가지 잡고서 임인 듯 여기나니	枉把梅花擬美人
빛깔은 가을 물처럼 맑아 티끌도 없네	文章秋水絶纖塵
시 짓느라 여윈 몸을 상상하면서	想像緣詩淸瘦骨
낡은 오두막 눈바람 몰아쳐도 가난한 줄 모르네	樊廬風雪不知貧

비가 내려도 임 생각이 더욱 간절해진다. 김해에 잠시 들렀다가 또다시
서울로 떠난 임을 보고 싶지만 돌아올 날을 기다리는 수밖에 없다.

시월 강남에 비 내리니	十月江南雨
북쪽에는 눈 내리겠지요	知應北雪時
북쪽에서 눈 만나시거든	在北如逢雪
비 속에서 그리워하는 저를 생각하세요	懷儂雨裏思
떠날 때 주신 귤 하나	臨行胎一橘
손의 반지인 듯 아낍니다	愛似手中環
양주로 오시게 되면	願作揚州路
돌아오는 날 만 개를 드리오리다	歸時萬顆還

남녘에 늦가을 비가 내리는 것을 바라보며 천 리 길 한양에 있는 연인
을 그리워하는 심정, 귤 하나를 만 배의 사랑으로 키워가는 강담운의 마
음이 애절하고 아름답게 다가온다. 『지재당고』에는 이처럼 차산을 그리워

하는 그녀의 마음을 담은 시가 절반이 넘는다.

서정(西亭)의 송별시 또렷이 기억하니	牢記西亭送別詩
강남에 어느 날인들 그리움 없으랴	江南何日不相思
붉은 연꽃에 밝은 달 비치는 밤	紅菡萏花月明夜
푸른 파초 잎에 빗소리 들렸지	碧芭蕉葉雨聲時
꿈을 꾸어도 누구에게 말을 할까	縱然有夢憑誰說
애틋하게 머금은 정 혼자만 아네	另是含情只自知
어찌하면 이 몸에 날개를 달아	安得此身生羽翼
멀리 기러기 따라 하늘 끝에 닿을까	遠隨鴻鴈到天涯

객이 되어 장안에 있을 그대를 생각하니	念君爲客在長安
예전의 범저처럼 여전히 가난하리	依舊綈袍范叔寒
가을하늘 은하수는 흰 베를 펼쳐 놓은 듯	鴈背明河橫素練
버들 끝에 지는 달은 금동이를 걸어 놓은 듯	柳梢殘月掛金盆
소식 끊어진 지 오래인데 정은 왜 이리도 지극한가	音書久斷情何極
관문과 고개 거듭 막혀 꿈에도 가기 어렵네	關嶺重遮夢亦難
동쪽 울타리 아래 손수 국화 심었지만	手種東籬籬下菊
중양절에 누구와 술잔 잡고 함께 바라볼까	重陽把酒共誰看

고요한 밤 사람 없는데 달은 절로 밝고	夜靜無人月自明
높은 곳에서 하염없이 한양성 바라보네	憑高悵望漢陽城

흰 구름 하늘가에 외기러기 날아가고	白雲天際一鴻去
가을 연못에는 한 쌍의 오리가 울고 있네	秋水池塘雙鴨鳴
용문에 오르려하나 문이 뜨거우니	縱有登龍門戶熱
포의 선비 탄협함을 그 누가 가련히 여길까	誰憐彈鋏布衣生
이곳 좋은 농지로 돌아옴이 좋을 듯하네요	頃田負郭歸田好
재상은 원래 육국을 가벼이 여기지요	相印元來六國輕

이 시 「가을밤 장안에 부침(秋夜寄長安)」에서도 멀리 한양에 있는 임을 그리며 기다리는 마음이 애틋하다. 꿈이라도 꾸어 사랑하는 임을 만나고 싶었으리라. 여기서 '탄협(彈鋏)'은 맹상군의 문객(門客) 풍환이 칼자루를 치며 대우가 나쁜 것을 한탄하는 노래를 부른 고사에서 유래한 말이다. 「봄꿈(春夢)」에도 그런 그녀의 마음이 잘 담겨 있다.

수정 주렴 밖 해 기울고	水晶簾外日將闌
길게 늘어진 버들 푸른 난간 덮었네	垂柳深沈覆碧欄
가지 위 꾀꼬리 울음 상관하지 않고	枝上黃鸝啼不妨
그대 찾아 꿈에 장안에 이르렀네	尋君夢已到長安

강담운은 다정하면서도 섬세하고 고운, 여성스런 마음씨를 가졌던 모양이다. 「차산 낭군에게 답함(答山郎)」이라는 시와 「늦봄(暮春)」이란 시를 보자.

낭군께서는 핀 꽃이 좋다고 하시지만	郎道開花好
저는 피지 않은 꽃이 좋습니다	儂好未開花
꽃이 피면 열매 맺는다고	花開耽結子
화장이 잘 받지 않아요	褪却艶鉛華

시든 꽃 참으로 박명하여	殘花眞薄命
밤에 불어온 바람에 떨어졌구나	零落夜來風
아이 녀석도 가련한 듯	家僮如解惜
뜰 가득한 붉은 꽃잎 쓸지 못하네	不掃滿庭紅

배전은 서울에 있으면서 홍인군 이최응(홍선대원군 이하응의 형)의 아들이자 고종의 사촌인 이재긍(홍문관 부제학)에게 강담운의 시를 보여주었다. 시를 본 이재긍은 감탄하며 시집 『지재당고』 출간을 돕고, 서문 「지재당소고서(只在堂小稿序)」를 직접 썼다.

"녹규관에 세 번째 눈 오는 밤. 수선화가 처음 피고 매화가 맺힐 때, 홀로 깨끗한 책상에 기대앉으니 가슴속이 시원하여 한 점 티끌도 없다. 마침 차산 선생이 소매에서 여인의 시첩을 꺼내어 보여주면서 말했다. '이것은 지재당 담운의 시입니다.' 내가 열어보았더니 시정과 언어가 투명하여 티끌이 하나도 없으며, 환하여 그림과 같았다. 금릉의 풀 하나, 꽃 하나, 산 하나, 물 하나가 환하게 눈에 들어왔다. 밝고 투명함이 남전에 나는 옥과 같고 햇볕처럼 따뜻하며, 여룡의 여의주가 밤을 밝히는 듯하여 차마 손에서

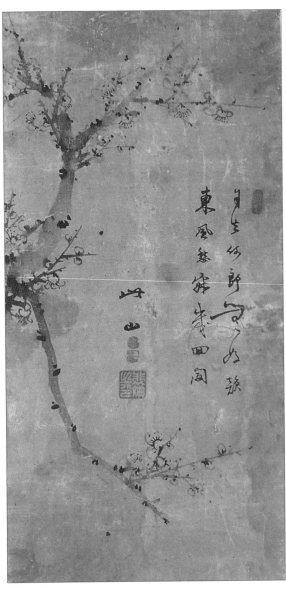

▲ 배전의 작품 「묵매」

놓지 못하였다. 몇 번이나 만지작거리면서 후세에 전할 생각을 하였다. 아! 현재와 미래에 아마도 알아줄 자가 있어서 비단병풍과 비단부채에 써서 전하는 자가 있을 것이니, 내가 차마 손에서 놓지 못했던 뜻을 알게 될 것이다. 담운은 차산선생의 조운(朝雲: 소실을 뜻함)이다. '지재'라는 당호는 '지재차산(只在此山)'의 뜻을 취한 것이다. 이날 밤 이 시집을 읽었다. 그때 설매(雪梅)와 수선(水仙)이 곁에 있어 이 사정을 알았으니 이 또한 특이한 모양의 묘한 증거라 하겠다.

통정대부 행 홍문관 부제학 겸 규장각검교대

교 지제교 완산 이재긍이 제하
다."

안광목이 쓴 「지재당고발(只在
堂稿跋)」도 보자.

"시는 정을 드러낸 것이다. 정
이 없는 자는 시를 지을 수 없
다. 그러나 정이 있지만 시가 공
교하지 않는 자도 있다. 새가 봄
에 우는 것은 정이다. 그러나 잘
울고 잘 울지 못함이 있으니, 하
물며 시에 있어서랴! 금릉(김해)
의 강담운 여사는 정도 있고 시
도 공교하다. 타고난 재주와 영
특함으로 일찍 문장을 알아 정
에 따라 많은 시를 지어, 깊이 중
당과 만당의 묘한 경지를 얻었다
(深得中晚之妙). 아름다운 문체가
한 번 드러나면 곧 사람들에게
회자되었다.

내 일찍이 말하길 '천하의 여

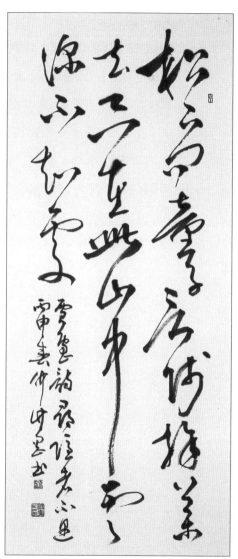

▲ 강담운과 배전의 호인 '지재'와 '차산'이 유래한 '지재차산
중(只在此山中)'이라는 글귀가 나오는, 당나라 시인 가도의
시 「심은자불우(尋隱者不遇)」. 죽강 김진규의 글씨.

자로 시를 잘 하는 사람이 없지 않았다. 양에 『옥대편』이 있고, 당에 『화한집』이 있어 각기 한 시대의 아름다움을 독차지했다. 아 지금 담운은 옛 여인들에 비교하여도 부끄럽지 않으니, 그 시를 전함에 옥대편과 화한집처럼 하지 않아서야 되겠는가.'라고 했다.

이우향 학사가 모아 편집하고 출판하면서 나에게 말미의 글을 맡겼다. 곧 자리에서 읽어보니 운율의 쟁쟁함은 쇠로 찧고 돌을 부딪치는 듯하고, 기운의 태깔은 칼의 번쩍거림과 별의 번뜩거림이었다. 그 시경의 팽팽함은 이슬이 꽃에 맺히고 노을이 달에 걸린 듯하며, 그 광채의 환함은 짙푸른 풀빛이 물에 일렁이는 파문과 같았다.

한마디 말과 하나의 글자가 정에 근거하지 않음이 없다. 그러나 그 정이 꿰뚫어 보이고 있는 것은 비록 심상하게 사람을 그리워하고, 옛날을 추억하는 시이지만 죽지사·조간사의 미미한 세속적 격조와는 같지 않다. 그 당호 '지재'는 '지재차산'의 뜻을 취한 것이니, 그리움의 그윽한 아취와 한결같은 맹서의 심정을 또한 알겠다. 마침내 글을 써서 지재당의 발문으로 삼노라.

정축년(1877) 납일에 총계산인(叢桂山人) 요산(搖山) 안광묵이 쓰다.”

이성혜 씨는 “지재당의 한시가 여성한문학사를 더 풍부하게 했고, 조선조 말까지 여성한문학의 맥을 이어주었으며, 한문학사에 있어 그리움의 정서를 잘 보여주고 있어 한국한문학사상 큰 의의를 지니고 있다.”고 말했다.

⟨배전은⟩

차산(此山) 배전(1843~1899)은 조선 말기의 개화사상가이자 문인화가다. 경남 김해 출신으로 김해 서화사에서는 문인화맥의 개조로 꼽히고 있다.

배전은 장년기에 10여 년을 서울에서 문인이자 서화가로 활동했다. 고종 때 선전관을 지냈으며 흥선대원군 이하응과 시로써 교우했던 친형 배환을 통해 흥선대원군 문하에 출입하면서 서울 생활을 했다. 배환은 흥선대원군의 조카 이재완의 가정교사를 하기도 했고, 그가 사망하자 대원군이 장례를 치러주고 만시를 남길 정도로 친밀한 관계를 유지했다.

배전은 또한 개화당에 관계하던 지운영을 비롯한 '육교시사(六橋詩社)' 동인들과 교유했으며, 시인이자 개화사상가로 육교시사 맹주였던 강위(1820~1884)를 통해 추사의 영향을 받음과 동시에 개화사상에도 눈을 뜨게 되었다. 임오군란(1882)에 이어 갑신정변(1884)이 일어나 혼란해지자 1885년부터 김해에 칩거, 시서화로 후학을 가르치며 보냈다.

▲ 청나라 여학(呂學)의 그림 「송하문동자」

5

임제와 한우

: 풍류남아와 멋진 기생이 펼친 화통한 사랑

북천(北天)이 맑다 해서 우장 없이 길을 나섰더니
산에는 눈이 오고 들에는 찬비로다
오늘은 찬비 맞았으니 얼어 잘까 하노라

어이 얼어 자리 무슨 일로 얼어 자리
원앙침 비취금을 어디 두고 얼어 자리
오늘은 찬비 맞았으니 녹아 잘까 하노라

조선의 풍류남아 백호(白湖) 임제(1549~1587)와 기생 한우(寒雨)가 주고받은 시다. '찬비'는 기생의 이름 '한우(寒雨)'를 동시에 의미하는 표현이다. 서로에 대한 마음을 담아 멋스럽게 표현하고 있다. 임제는 당대의 대표적 한량(閑良)이었다. 40세를 채우지 못한 채 요절한 그였지만, 여인들과 많은 염문과 정화(情話)를 뿌리고 간 주인공이다. 그는 시문에 능하여 주옥같은 작품 700여 수를 남겼다. 한시뿐만 아니라 시조 6수를 남겼는데 모두가 여인들과의 사랑 노래다.

기생 한우와 동침하게 된 사연

임제가 관서도사(關西都事)로 근무할 당시 평양에 한우(寒雨)라는 기생이 있었는데, 그녀는 미모가 뛰어나고 시문에도 능했다. 거문고와 가야금에도 특출했으며, 노래 또한 명창이었다. 재색을 겸비한 기생으로 접근하려는 한량들이 많았지만 언제나 차갑게만 대해 '한우'라는 이름이 주어졌다고 한다.

한량인 임제가 그녀를 모르고 지낼 리는 없다. 여러 번 주석에서 그녀를 보게 되면서 호감을 갖게 되었다. 하루는 두 사람이 술자리에서 제대로 어울리게 되었다. 시를 논하고 세상을 개탄하면서 술잔이 여러 순배 돌았다. 한우가 거문고를 타면 임제는 퉁소를 불며 화답했다. 임제는 항상 품에 옥퉁소를 지니고 다녔다. 서로에 대한 호감과 취기 덕분에 두 사람의 기분이 도도해지는 가운데 임제가 즉흥적으로 시조를 읊었다.

북천(北天)이 맑다 해서 우장(雨裝) 없이 길을 나섰더니
산에는 눈이 오고 들에는 찬비로다
오늘은 찬비 맞았으니 얼어 잘까 하노라

한우 그대마저 '찬비'를 뿌리면 얼어 잘 수밖에 없는데, 그대 마음은 어떠한지 떠보는 것이었다. 노래를 들으며 아미(娥眉)를 숙이고 있던 한우(寒雨)가 이윽고 고개를 들었다. 오늘 같은 날을 기다렸다는 듯이 곧바로 거문고를 타며 다음과 같이 노래했다.

어이 얼어 자리 무슨 일로 얼어 자리

원앙침(鴛鴦枕) 비취금(翡翠衾)을 어디 두고 얼어 자리

오늘은 찬비 맞았으니 녹아 잘까 하노라

임제의 「한우가(寒雨歌)」에 화답한 이 시조에는 그녀의 뜨겁고도 은근한 마음이 잘 드러나 있다. '찬비'는 기생 '한우(寒雨)'를 은유한 것이다. 임제는 '오늘 그리던 한우 너를 맞아 함께 몸을 녹이며 자고 싶은데 혼자 외롭게 자야 하는가'라고 묻고 있다. 이에 대한 한우의 화답은 더욱 뛰어나다. '무엇 때문에 찬 이불 속에서 혼자서 주무시렵니까. 저와 같이 따뜻하게 주무시지요.'라고 한 것이다. 『청구영언(靑丘永言)』에 다음과 같은 기록이 보인다.

"임제는 금성인(錦城人)이다. 선조 때 과거에 급제, 벼슬은 예조정랑에 이르렀다. 시문에 능하고, 거문고를 잘 타며, 노래를 잘 불러 호방한 선비였다. 이름난 기생 한우를 보고 한우가를 불렀고, 그 밤 한우와 동침하였다."

임제와 일지매

임제 당시 평양에는 재색을 겸비한 명기 일지매(一枝梅)가 유명했다. 절개가 굳고 자긍심이 유달리 강해 웬만한 남자는 거들떠보지도 않았으며 평양감사도 마음대로 하지 못했다. 무반 출신의 평양감사가 위협적으로

수청을 강요해도 '지음(知音)'을 만날 때까지는 수절하겠다며 거절했다. 그 후임 감사로 임제와 친한 김계충이 부임하게 되었다. 그가 한양을 떠날 때 서대문 천연정(天然亭)에서 환송연이 있었는데, 그 자리에서 임제가 일지 매에 대한 이야기를 했다.

"평양에 가면 수청 안 들기로 유명한 일지매란 기생이 있다는데 만약 자네가 뜻을 이루지 못하면 나한테 알리게. 그러면 내가 가서 내 것으로 만들겠네."

"그래? 자네가 실패하면 어떻게 할 텐가?"

"그렇게 되면 자네를 아버지라 부르겠네. 그 대신 내가 성공하면 뭘 해 줄 텐가?"

"그때는 두 사람을 위해 사랑의 보금자리를 마련해주겠네."

김계충이 평양감사로 부임한 후 일지매를 불러 놓고 여러 가지 방법을 동원해 수청을 들게 하려 했으나 결국 뜻을 이루지 못했다. 소문대로 특별한 기생임을 확인한 김계충은 임제에게 자신은 실패했음을 알렸다.

연락을 받은 임제는 바로 평양으로 출발했다. 이곳저곳 명소를 둘러본 뒤 남루한 옷의 생선장수로 변장해 일지매 집을 찾아갔다. 생선 몇 마리를 사서 지게에 지고 일지매 집 문 앞에서 "생선 사려~!"를 외쳤다. 계집 종이 나와 몇 마리를 사주자 임제는 해가 저물었으니 하룻밤 묵고 가도록 해달라고 간청했다. 몇 번이고 조른 끝에 허락을 받아 마침내 헛간에 머물 수 있게 되었다.

임제는 헛간에서 멍석 위에 팔베개를 하고 누웠다. 마침 보름달 빛이 교교한 초여름 밤이었다. 잠시 후 항상 가지고 다니던 옥통소를 꺼내 한 곡조 뽑으려고 하는데 거문고 소리가 들려왔다. 안채의 일지매가 적적한 마음을 달래려 거문고를 뜯으며 노래를 부르기 시작한 것이다. 절창이었다.

임제는 거문고 연주가 끝나자 바로 퉁소를 불며 화답했다. 쉽게 들을 수 없는 멋진 소리였음은 물론이다. 일지매는 마당으로 나와 퉁소 소리의 주인공을 찾아보았으나 헛간에서 잠을 청하고 있는 생선장수 말고는 아무도 보이지 않았다.

일지매는 시험 삼아 헛간 쪽을 향해 "창가에는 복희씨 적 달이 밝구나(窓白羲皇月)"라고 읊었다. 그러자 바로 "마루에는 태고의 바람이 맑도다(軒淸太古風)"라는 대구(對句)의 화답이 들려왔다. 놀란 일지매는 생선장수의 음성임이 분명함을 알았다. 그러나 짐짓 모르는 척하면서 다시 "비단 이불은 누구와 덮을까(錦衾雖與共)"라고 읊자 헛간에서 "나그네 베갯머리 한 편이 비어 있네(客枕一隅空)"라는 대답이 바로 들려왔다. 지음(知音)임을 확인한 일지매는 바로 헛간으로 들어가 임제 앞에 절을 한 뒤 "제가 기다리던 사람이 바로 당신"이라고 고백하며 임제를 안방으로 안내했다. 그 뒤의 일이야 말할 필요도 없을 것이다.

임제의 풍류와 파격을 잘 보여주는 일화이다.

〈임제는〉

임제는 조선 중기 문신이자 시인으로, 호는 백호(白湖), 풍강(楓江), 소치(嘯痴), 겸재(謙齋) 등이다.

1549년 나주에서 태어난 임제는 어려서부터 지나치게 자유분방해 스승이 없었다. 20세가 넘어서야 속리산에 있던 성운(成運)에게 배웠다. 1570년 22세가 되던 겨울날 충청도를 거쳐 서울로 가는 길에 쓴 시가 성운에게 전해진 것이 계기가 되어 성운을 스승으로 모셨다고 한다.

스승은 임제의 격정적이고 분방한 성격을 바꿔보고자 중용을 1천 번 읽을 것을 주문했다. 임제는 지리산의 한 암자에서 중용을 800번 읽는다. 6년 동안 이렇게 공부하다가 속리산을 떠나면서 다음의 시를 읊었다.

도는 사람을 멀리하지 않건만 사람이 도를 멀리 하고 　道不遠人人遠道
산은 속세를 떠나지 않건만 속세는 산을 멀리하네 　山不離俗俗離山

임제는 1576년 속리산에서 성운을 하직한 후 생원·진사에 합격했다. 이듬해에 알성시에 급제한 뒤 흥양현감(興陽縣監), 서북도병마평사(西北道兵馬評事), 예조정랑(禮曹正郎) 등을 거쳐 홍문관지제교(弘文館知製教)를 지냈다. 그러나 성격이 호방하고 얽매임을 싫어해 벼슬길에 대한 마음이 차차 없어졌으며, 관리들이 서로를 비방 질시하며 편을 가르는 현실에 깊은 환멸을 느꼈다.

그는 관직에 뜻을 잃은 이후에 이리저리 유람하다 고향인 나주시 다시면 회진리에서 1587년 39세로 세상을 떠났다. 죽기 전 여러 아들에게 "주변 오랑캐 나라들이 다 제왕이라 칭했는데도, 유독 우리 조선은 중국을 섬기는 나라다. 이와 같이 못난 나라의 내가 살아간들 무엇을 할 것이며 죽은들 무엇이 아깝겠느냐. 울 일이 아니니 곡을 하지 마라.(四夷八蠻 皆呼

稱帝 唯獨朝鮮入主中國 我生何爲 我死何爲 勿哭)"는 유언을 남겼다. 임제의 「임종계자물곡사(臨終誡子勿哭辭)」다. 이 물곡사는 나주임씨 족보에 수록되어 있는 것인데, 이익의 『성호사설』에도 비슷한 문구로 전하고 있다.

 "임백호(林白湖) 제(悌)는 기개가 호방하여 예법의 구속을 받지 않았다. 그가 병이 들어 죽게 되자 여러 아들들이 슬피 우니 그가 말하기를 '사해(四海)의 모든 나라가 제(帝)를 일컫지 않는 자 없는데, 유독 우리만이 예부터 그렇지 못했으니 이와 같은 누방(陋邦)에 사는 신세로서 그 죽음을 애석히 여길 것이 있겠느냐. 곡하지 마라.(四海諸國 未有不稱帝者 獨我邦終古不能 生於若此 陋邦 其死何足借命 勿哭)'고 하였다. 그는 또 항상 희롱조로 하는 말이 '내가 만약 오대(五代)나 육조(六朝) 같은 시대를 만났다면 돌려가면서 하는 천자(天子)쯤은 의당 되고도 남았을 것이다.'라고 하였다."

죽기 전에 스스로 자신의 죽음을 읊은 시 「자만(自輓)」을 지었는데, 다음과 같다.

강호에서 풍류를 즐기며 보낸 40년 세월	江漢風流四十春
맑은 이름 넘치게 얻으며 사람들을 감동시켰네	清名贏得動時人
이제 학을 타고 티끌세상 벗어나니	如今鶴駕超塵網
신선들이 즐기는 복숭아 또 새로 익으리	海上蟠桃子又新

임제는 황진이의 무덤을 찾아가 추모 시조를 읊고 술잔을 올리는 등

유명한 일화를 많이 남겼다. 이러한 일화로 인해 사람들은 그를 '기이한 인물'이라고 평했으며, 또 한편에서는 '법도 밖의 사람'이라 했다. 그러나 당시의 이런 평가와는 상관없이 그의 글은 높이 평가됐다.『수성지(愁城誌)』『화사(花史)』『원생몽유록(元生夢遊錄)』등 3편의 한문소설을 남겼으며, 문집으로는『백호집(白湖集)』이 있다.『국조인물고(國朝人物考)』는 그에 대해 다음과 같이 기록하고 있다.

▲ 임제가 유언으로 남긴 물곡사(勿哭辭)를 새긴 비석(나주시 다시면 회진리)

"그는 성품이 강직하고 고집이 있어 벼슬에 높이 오르지 못하였으며, 선비들은 그를 법도 밖의 사람이라 하여 사귀기를 꺼려하였으나, 그의 시와 문장은 서로 취하였다."

검(劍)과 통소, 거문고를 항상 지니고 다녔던 임제는 풍류남이었고, 자유분방한 시인이었다. 가는 곳마다 여인이 있고 술이 있고 시가 있었다. 모르는 기생이 없고, 그의 발길이 가지 않은 명승이 없었다. 천재시인으로 불리었던 임제에 대해 노산(鷺山) 이은상(1903~1982)은 "구금(拘禁)을 미

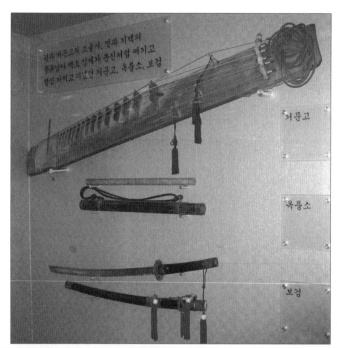

거문고

옥퉁소

보검

▶ 임제가 항상 휴대하고 다녔던 거문고
와 옥퉁소, 보검(백호문학관)

워하고 방종(放縱)을 즐겨했던 사람은 소동파보다는 오히려 시인 임백호 선생을 더 높이 평가한다."면서 "조선왕조 500년에 가장 뛰어난 천재시인 이 누구냐고 물으면 우리는 백호 임제선생으로 대답할 것이다."라고 평가 하기도 했다.

청초(青草) 우거진 골에 자는가 누웠는가
홍안(紅顔)을 어디 두고 백골(白骨)만 묻혔는가
잔(盞) 잡아 권할 이 없으니 그를 슬퍼하노라

'송도의 명기 황진이의 무덤을 보고 이 노래를 지어 조문하다(見松都名 妓 黃眞伊塚上 作詞弔之)'라는 작품이 『해동가요』에 남아 있다. 임제가 서북 도병마평사로 부임해 가던 길에 황진이의 무덤을 찾아 술잔을 올리고 이 렇게 시를 읊으며 넋을 달랬던 것이다. 그의 작품 「무어별(無語別)」에도 각 별한 감성과 재능이 잘 나타나 있다.

열다섯 갓 넘은 어여쁜 아가씨	十五越溪女
수줍어 말 못한 채 이별하고는	羞人無語別
돌아와 겹겹이 문 걸어 닫고서	歸來掩重門
배꽃 사이 달을 보며 눈물 흘리네	泣向梨花月

임제는 해남의 옥봉(玉峯) 백광훈(1537~1582)과 뜻이 잘 맞아 자주 어울 려 산천을 유람했다. 이들이 어느 날 송도에 갔을 때의 일화다. 그들은 조

랑말을 타고 다니면서 하루는 임제가 주인이 되어 말을 타면 옥봉이 마부가 되어 고삐를 잡고, 다음 날은 반대로 역할을 맡아 장난을 하면서 다녔다. 그날은 옥봉이 마부였는데, 송도 양반 댁에 들린 옥봉이 말했다.

"주인을 모시고 한양을 가는 길인데 하루 쉬어갈까 합니다."

주인장은 "하룻밤 신세를 지려면 한시를 지을 줄 알아야 하오이다."라고 답했다.

말 위의 임제는 마부인 옥봉에게 "이놈아! 시 한 수 지어야만 밤이슬을 피할 수 있지 않겠느냐. 운자(韻字)는 서울 경(京)이니 네 놈이 지어봐라."고 했다. 임제의 장난을 알아차린 옥봉이 즉시 붓을 들어 왕희지 필법으로 한시 한 수를 써내려가며 장단을 맞췄다.

한양에 돌아가는 나그네가 개경을 지나는데	漢陽歸客過宋京
만월대엔 인적 없고 냇물만 성곽을 돌아 흐르네	滿月臺空水繞城
오백년 도읍지의 지난 만사는 가련하기만 하고	可憐五百年萬事
사람은 간 데 없고 푸른 산에 두견소리 무성하네	盡人靑山杜宇聲

마부가 옥봉 백광훈인 것을 알 리 없는 주인은 깜짝 놀라며 말했다.

"보배로다. 전라도에 백옥봉과 임백호가 글 잘 한다는 소문은 들었지만, 이처럼 글 잘하는 하인은 처음 보았소이다."

더 이상 주인을 희롱할 수가 없었다. 임제는 마상에서 내려 고백했다.

"주인 어르신, 무례했습니다. 저 사람이 바로 백광훈이고, 제가 임제입니다."

셋은 날이 새는 줄도 모르며 시간을 보냈다. 임제가 나이 어린 기생의 부채에 써준 아래의 시도 멋지다. 이 기생은 평생토록 임제를 그리며 항상 그 부채를 품에 지니고 다녔다고 한다.

한거울에 부채를 준다고 괴이하게 여기지 마라	莫怪隆冬贈扇枝
너는 아직 어리니 어찌 그 뜻을 알랴마는	爾今年少豈能知
그리움으로 한밤에 가슴에서 불이 일어나면	相思半夜胸生火
한여름 염천의 무더위가 비길 바 아니니라	獨勝炎蒸六月時

현재 백호임제선생기념비(1979년 건립)와 임제 시비, 물곡사비 등이 그가 태어난 나주시 다시면 회진(會津)마을 초입에 자리하고 있다. 그 뒤쪽 위에는 임제가 선비들과 시를 짓고 하던, 임제의 할아버지인 귀래정(歸來亭) 임붕(1486~1553)을 기려 1556년에 지은 영모정(永慕亭)이 자리하고 있다. 영모정 앞으로는 영산강이 펼쳐진다. 백호문학관과 나주임씨 대종가도 근처에 있다.

白湖林悌先生紀念

▼ 임제가 풍류를 즐기고 시를 읊던 정자인 영모정(나주시 다시면 회진리). 앞에는 영산강이 흐른다.

밤비에
새잎 나거든

2부

최경창과 홍랑

: 죽어서도 함께 묻힌 천재시인과 기생의 절절한 사랑

묏버들 가려 꺾어 보내노라 임에게
주무시는 창 밖에 심어 두고 보소서
밤비에 새잎 나거든 나인가 여기소서

기생 홍랑(洪娘)이 연인인 고죽(孤竹) 최경창(1539~1583)과 이별하며 지은 한글 시다. 연인을 떠나보내는 애절한 마음을 버드나무 가지를 빌어 표현한 이 작품은 우리나라 문학사에서 가장 아름다운 사랑의 시로 꼽힌다. 고등학교 교과서에 실린 작품이기도 하다. 당대의 대표적 문장가이자 선비인 최경창과 홍랑의 사랑 이야기로 메마른 마음을 흠씬 적셔보자.

첫 만남에서 최경창의 시를 읊은 홍랑

천재 시인 최경창은 1568년 문과에 급제한 후 여러 벼슬을 거쳐 1573년 함경도 북평사(北評事: 병마절도사의 문관 보좌관으로 함경도와 평안도에 파견된 병마평사의 약칭)로 부임하면서 함경도 홍원 태생의 기생인 홍랑과 인연을 맺게 된다.

최경창은 문장과 학문뿐만 아니라 서화에도 뛰어났고, 악기에도 능했다. 어릴 적 영암에 왜구들이 쳐들어왔을 때 구슬픈 피리소리로 왜구들의 마음을 움직여 물러가게 했다는 일화가 있을 정도다. 약관의 나이 때 송강 정철, 구봉 송익필 등 당대 대가였던 시인들과 시회(詩會)를 하면서 그의 문재가 널리 알려지기 시작했고, '조선 팔문장(八文章)'에 들어갈 정도로 인정받았다. 시 중에서도 각별히 당시(唐詩)에 뛰어나 조선 팔문장 중 옥봉 백광훈, 손곡 이달과 함께 '3당시인(三唐詩人)'으로 꼽혔다.

팔문장은 조선 중기의 송익필(宋翼弼), 이산해(李山海), 백광훈(白光勳), 최경창(崔慶昌), 최립(崔岦), 이순인(李純仁), 윤탁연(尹卓然), 하응림(河應臨) 등 8명의 문장가를 말한다. 팔문장과 관련해 『선조수정실록』을 보면 백광훈 대신 백광홍(白光弘)으로 되어 있는데, 박세채의 『최고죽시집후서(崔孤竹詩集後敍)』에는 백광훈으로 되어 있다. 또 이순인, 윤탁연 대신 이이와 양사언을 팔문장에 넣기도 한다.

최경창은 1573년 가을, 서른넷의 나이로 북평사에 임명되어 함경도 경성에 부임했다. 그가 부임한 경성은 조선의 변방으로 고려시대부터 여진족을 비롯해 수많은 이민족의 침입을 받았던 곳이다. 당시에는 이런 중요한 군사 요충지인 변방에 관리가 부임할 때는 처자식을 데려가지 않고 혼자 가는 것이 원칙이었다.

홀로 천 리 멀리 떨어져 생활하려면 고달픔과 외로움이 생길 수밖에 없는데, 이를 달래주는 사람이 바로 관청에 소속된 기생들이었다. 기생들은 이들을 위해 빨래나 바느질은 물론 아내 역할까지 도맡았다. 관리가 부임하면 관청 소속 기생들을 소집해 점검하는 '점고(點考)'가 진행된다. 최경창 역시 북평사로 부임한 후 경성 관아의 기생들이 인사를 올리는 '점고'를 받게 되었다.

머나먼 변방에서 정신적으로 강력하게 이끌리는 여인을 만나리라고는 생각하지도 못했을 것이다. 이날 기생 점고에 이어 최경창의 부임 축하 연회가 열렸다. 연회가 무르익어가는 가운데 재능과 미모에다 문학적 소양까지 겸비한 기생 한 명이 음률에 맞춰 시 한 수를 읊었는데, 놀랍게도 최경창의 작품이었다.

최경창은 시창을 다 듣고는 내심 놀라워하면서 기생에게 넌지시 읊은 시를 좋아하는지, 그리고 누구의 시를 좋아하는지 물었다. 그녀는 "고죽 선생의 시인데 그 분의 시를 제일 좋아한다."고 답했고, 최경창은 자신이 그 시를 지은 주인공임을 밝혔다. 그녀가 홍랑이었다. 홍랑의 마음이 어떠했을지는 두말 할 필요도 없을 것이다. 이렇게 두 사람의 각별한 인연은 시작되었다.

최경창과 홍랑은 정신적으로 잘 맞는 도반이 될 수 있음을 알게 되었고, 또 사랑도 나눌 수 있는 상황이었기에 날이 갈수록 두 사람의 사랑은 더욱 뜨거워졌다. 홍랑이 최경창의 군막에까지 드나들 정도로 두 사람은 잠시도 서로 떨어져 있으면 안 되는 존재가 되었다.

6개월 만의 이별

그러나 이들의 행복은 오래가지 못했다. 6개월이 지난 이듬해 봄, 두 사람에게 이별의 순간이 찾아왔다. 최경창이 경성에 부임한 지 6개월 만에 조정의 부름을 받아 한양으로 돌아가야만 하게 된 것이다. 깊이 좋아하는 연인과 헤어져야 하는 홍랑은 마음을 다스리기가 어려웠다. 몸살을 앓아야 했다. 최경창이 한양으로 떠나던 날 홍랑은 최경창과 조금이라도 더 함께 있기 위해 경성에서 멀리 떨어진 쌍성(雙城)까지 따라갔다. 더 따라가고 싶었으나 멈춰야만 했는데, 다른 지역으로 벗어날 수 없는 관기였기에 더 이상 갈 수가 없었던 것이다.

당시 기생은 관할 관아에 속해 있는 존재였기 때문에 해당 지역에서 벗어나 다른 지역으로 자유롭게 움직일 수 없도록 규제되었다. 청천벽력 같은 너무나 빨리 찾아온 이별 앞에 홍랑이 할 수 있는 일은 그저 눈물을 흘리며 가슴을 태우는 일밖에 없었을 것이다. 홍랑은 최경창이 시야에서 사라질 때까지 바라보다 돌아서야만 했다. 최경창도 눈물을 삼키며 다음을 기약하고 떨어지지 않는 발걸음을 억지로 돌릴 수밖에 없었다.

최경창을 보내고 돌아오는 길에 함흥 70리 밖에 있는 함관령(咸關嶺)에 이르자 날은 어두워지고 비까지 내렸다. 이때 비를 피해 잠시 머물면서 당시의 마음을 담은 시조 「묏버들 가려 꺾어」를 지었고, 이 작품과 함께 길가의 버들을 꺾어 최경창에게 보냈다. 한없이 애틋하다.

묏버들 가려 꺾어 보내노라 임에게
주무시는 창 밖에 심어두고 보소서
밤비에 새잎 나거든 나인가 여기소서

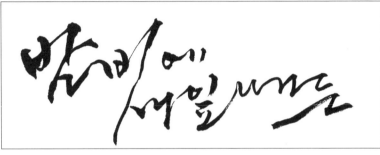

▲ 죽강 김진규의 글씨

최경창은 다음과 같은 기록을 남겼다. "홍랑이 함관령에 이르렀을 때 날이 저물고 비가 내렸다. 이곳에서 홍랑이 내게 시를 지어 보냈다." 최경 창은 나중에 홍랑의 이 시조를 한문으로 번역하고 「번방곡(飜方曲)」이라 는 이름을 붙였다.

버들가지 꺾어서 천 리 먼 곳 임에게 보내니	折楊柳寄與千里人
나를 위해 시험 삼아 뜰 앞에 심어 두고 보세요	爲我試向庭前種
행여 하룻밤 지나 새잎 돋아나면 알아주세요	須知一夜新生葉
초췌하고 수심 어린 눈썹은 첩의 몸인 줄을	憔悴愁眉是妾身

홍랑에게 날아든 비보

사랑하는 임을 떠나보낸 뒤 오매불망 연인을 생각하며 지내던 홍랑에게 어느 날 최경창이 아파 몸져누웠다는 비보가 날아든다. 최경창이 함경도 경성에서 한양으로 돌아온 후 그 이듬해 초부터 시름시름 앓더니 결국 병석에 눕고 만 것이다. 홍랑과의 이별이 너무 아팠던 것일까.

무슨 병인지도 정확히 알 수 없는 병에 걸려 자리에 누운 그는 그 해 겨울까지도 일어나지 못하고 있었다. 이 소식이 머나 먼 함경도에 있던 홍랑의 귀에까지 흘러들었고, 소식을 접한 홍랑은 곧바로 여장을 챙겼다. 보고픈 마음으로 하루가 삼 년 같았던 그녀는 청천벽력 같은 소식에 바로 남장을 하고 한양을 향해 천 리 길을 나섰다. 위독하다는 최경창을 하루 빨리 보고 싶은 마음에 정신없이 밤낮을 걸어 7일 만에 한양에 도착했다.

최경창과의 재회는 실로 감격스러웠다. 이후 홍랑은 최경창의 병수발을 들면서 함께 지냈는데, 지극정성 덕분인지 최경창은 조금씩 회복되어 건강을 되찾게 되었다. 최경창은 당시의 상황을 이렇게 적고 있다.

"을해년(1575)에 내가 병이 들어 오랫동안 낫지 않아 봄부터 겨울까지 자리에서 일어나지 못했다. 홍랑이 이 소식을 듣고 바로 출발해 7일 밤낮을 걸어 한양에 도착했다."

그러나 두 사람의 재회는 뜻밖의 파란을 몰고 온다. 홍랑과 최경창이 함께 산다는 소문은 최경창이 홍랑을 첩으로 삼았다는 이야기로 비화된 것이다. 동인과 서인의 당파싸움이 한창이던 1576년 봄, 사헌부는 최경창의 파직을 요구하는 상소를 올렸다. 홍랑이 관기의 신분으로 지역을 이탈, 함경도와 평안도 사람의 도성 출입을 금지하는 제도인 '양계의 금(兩界之禁)'을 어겼다는 이유였다. 당시 정치상황은 좋지 않았다. 홍랑이 최경창을 찾아온 때는 명종의 비인 인순왕후가 죽은 지 채 1년이 되지 않은 국상기간이었기 때문에, 서인에 속한 최경창과 기생의 사랑 이야기를 듣자 동인들이 공격에 나선 것이다. 사헌부의 상소로 결국 최경창은 파직을 당했다. 『선조실록』의 기록을 보자.

"전적 최경창은 식견이 있는 문관으로서 몸가짐을 삼가지 않아 북방에서 관비를 몹시 사랑한 나머지 불시에 데리고 와 버젓이 함께 사니 이는 너무 거리낌 없는 행동입니다. 파직을 명하소서."

홍랑은 함경도 경성으로 돌아갈 수밖에 없었다. 최경창은 관직을 박탈당한 것보다 홍랑을 다시 돌려보낸다는 게 너무도 힘겨웠다. 최경창은 이 절절한 마음을 한편의 시 「송별(送別)」에 담아 경성으로 돌아가는 홍랑에게 건넸다.

고운 뺨에 눈물지며 한양을 떠날 때	玉頰雙啼出鳳城
새벽 꾀꼬리 저렇게 우는 것은 이별의 정 때문이네	曉鶯千囀爲離情
비단옷에 명마 타고 하관 밖에서	羅衫寶馬河關外
풀빛 아득한 가운데 홀로 가는 것을 전송하네	草色迢迢送獨行

아래 시도 이때 지은 것이다. 그들은 이 이별을 마지막으로 생전에는 다시 만나지 못한다.

서로 말없이 바라보며 그윽한 난초 그대에게 드리네　相看脈脈贈幽蘭
아득히 먼 길 이제 가면 어느 날에 돌아오리　此去天涯幾日還
함관령 옛날의 노래는 다시 부르지 마오　莫唱咸關舊時曲
지금도 궂은 비 내려 푸른 산 아득하겠지　至今雲雨暗青山

홍랑의 시묘살이

시간이 흘러 1582년 봄 최경창은 특별히 종성부사(鍾城府使)에 임명되었다. 그러나 얼마 후 북평사의 참소로 성균관 직강으로 좌천되고, 부임을 위해 상경하던 도중 함경도 경성의 객관에서 세상을 떠났다. 1583년 3월, 그의 나이 45세였다.

최경창과 이별한 후 행여 사랑하는 사람을 다시 만날 날이 올까 기대하며 가슴 아픈 나날을 보내던 홍랑에게 날아든 것은 최경창의 부음이었다. 소식을 접한 홍랑은 바로 경성의 객관을 찾아가 염하는 것을 도운 후 영구를 따라 최경창이 묻힐 경기도 파주까지 따라갔고, 장례가 끝나자 바로 최경창 무덤 앞에서 시묘살이에 들어갔다.

젊고 아름다운 여자가 홀로 외딴 곳에서 생활한다는 것은 쉬운 일이 아니었다. 고심 끝에 그녀는 다른 남자의 접근을 막기 위해 몸을 씻거나

▲ 단원 김홍도의 「마상청앵도」(부분). 이른 봄, 선비가 나귀 위에서 앵무새가 지저귀는 버드나무를 바라보고 있다. 버드나무는 옛사람들이 이별할 때 꺾어 떠나가는 임에게 주는 습속으로 인해 이별을 상징하기도 했다.

단장하는 일을 일체 하지 않았을 뿐만 아니라, 일부러 고운 얼굴에 자상(刺傷)을 내어 흉터까지 만들었다. 커다란 숯 덩어리를 통째로 삼켜 벙어리가 되려 했다는 이야기까지 전해진다. 남학명은 자신의 문집 『회은집(晦隱集)』에 "(홍랑은) 최경창이 죽은 뒤에 자신의 용모를 훼손하고 파주에서 시묘하였다."고 기록했다.

이렇게 무덤 앞에서 차디찬 겨울과 무더운 여름을 견디며 3년간의 시묘살이를 무사히 마쳤지만, 그녀는 묘소를 떠나지 않았다. 최경창을 향한 마음이 묘소를 떠날 수 없게 했을 것이다. 그 후로도 시묘살이는 몇 년 더 계속되었다. 연인의 묘소 앞에서 살다가 죽고자 하는 마음이 있을까.

하지만 홍랑의 그런 소망조차도 허락되지 않았다. 그렇게 10여 년 가까이 시묘살이를 하던 중에 임진왜란(1592년)이 터진 것이다. 전쟁이 터지자 사랑하는 임의 곁에서 죽게 되면 자신이야 여한이 없겠지만, 최경창이 남긴 주옥같은 작품과 글씨들을 보존하는 것이 무엇보다 중요하다고 생각했다. 이후 홍랑은 최경창이 남긴 유품을 챙긴 뒤 다시 함경도의 고향으로 돌아갔다. 그로부터 7년의 전쟁 동안 여자의 몸으로 최경창의 작품을 지키기 위해 얼마나 심한 고초를 겪어야 했을까. 『회은집(晦隱集)』에 다음과 같은 기록이 있다.

"임진왜란이 일어나자 (홍랑이) 최경창의 원고를 짊어지고 피하여 전쟁의 불길을 면하였다."

홍랑이 해주최씨 문중을 찾아 최경창의 유품을 전한 것은 1599년의 일이다. 참혹한 임진왜란이 모두 끝난 이듬해였다. 무려 7년에 이르는 전란을 겪으면서도 오늘날까지 최경창의 주옥같은 시작(詩作)들이 전해져 오는 것은 오로지 홍랑의 지극한 사랑과 정성 덕분이리라.

최경창과 함께 묻힌 홍랑

홍랑은 태어난 시기가 분명하지 않은 것처럼 죽은 시기 또한 알려진 바가 없지만, 유품을 전한 후 최경창의 무덤 아래서 생을 마감한 것으로 보인다. 홍랑이 죽자 해주최씨 문중은 그녀를 가문의 일원으로 받아들이기로 하고, 그녀의 시신을 거두어 장사지내 주었다. 시신은 최경창 부부의 합장묘 밑에 묻고 무덤도 만들었다. 홍랑과 최경창 사이에는 아들 하나가 있었다고 한다.

1969년에는 해주최씨 문중이 그녀의 묘 앞에 묘비 '시인홍랑지묘(詩人

洪娘之墓)'를 세웠다. 경기도 파주시 교하읍 청석초등학교 북편 산자락에 있는 해주최씨 문중의 산에 고죽 최경창의 묘소와 그녀의 무덤이 남아 있다. 그녀의 묘비에 새겨진 글 중의 일부를 전한다.

"홍랑(洪娘)은 선묘(宣廟) 관북인(關北人)으로 기적(妓籍)에 올라 행적(行蹟) 밝혀 전(傳)하는 바 없으나 출상(出象)한 재화(才華)로서 선조(先祖) 고죽 최공(孤竹崔公) 휘(諱) 경창(慶昌)의 풍류반려(風流伴侶)로 기록(記錄)되어 있고, 그의 절창(絶唱)인 시조(時調) 1수(首)가 오직 청아(淸雅)와 정숙(貞淑)을 담아 주옥(珠玉)으로 전(傳)할 따름이라. 공이 북평사(北評事) 퇴임(退任)하실 제 낭(娘)이 석별(惜別)하여 바친 글월을 한역(漢譯)하여 번방곡(翻方曲)을 읊으시니 격조(格調) 높은 쌍벽(雙璧)으로 세전(世傳)하여 홍랑(洪娘)의 문명(文名) 시사(詩史)에 빛나니라.

……중략…… 고죽공(孤竹公) 관복(關北)에 유(留)하실 새 낭(娘)은 막하(幕下)에서 조석(朝夕)으로 모시었고 환경(還京) 3년(年) 후(後) 요환(療患)하신다는 전언(傳言) 듣고 범계(犯界)하여 불원천리(不遠千里) 7일(日) 만에 상경(上京) 시양(侍養)했다 하며 후일(後日) 공(公)이 종성부사(鍾城府使)로 재위(在位) 중(中) 경성(鏡城) 객관(客館)에서 돌아가시매 영구(靈柩) 따라 상경(上京)하여 공근시묘(恭謹侍墓)하니 지순고절(至純孤節) 인품(人品)을 가(可)히 알리라."

경기도 파주시 교하읍 다율리 해주최씨 선산에는 매년 가을이면 조상들의 음덕을 기리는 가을 묘제가 진행된다. 최경창 부부 합장묘에 제사를

▶ 홍랑의 작품 「묏버들 가려 꺾어」가 새겨져
있는 홍랑가비(파주시 교하읍 다율리). 최경
창과 홍랑의 묘가 있는 묘역 입구에 있다.
뒷면에는 홍랑의 시를 한문으로 번역한 최
경창의 시가 새겨져 있다.

▼ 홍랑의 묘와 묘비.
홍랑의 묘 위에 최경창 부부의 묘가 있다.

지낸 후 홍랑의 묘에도 제사를 지낸다. 축문(祝文) 없이 제를 지내고 술은 단잔으로 끝낸다. 해주최씨 선산은 본래 다율리 근처의 월롱면 영태리에 있었으나, 1969년 영태리를 군용지로 수용하면서 지금 자리로 이장하게 된 것이다.

묘를 이장할 당시 홍랑의 무덤에서 옥으로 된 목걸이, 반지, 귀고리, 옷 등이 나왔다는 이야기는 전하나 최씨 집안에 그 유물은 없다고 한다.

〈최경창은〉

최경창은 문헌공(文憲公) 최충의 후손으로, 영암 출생이다. 타고난 자질이 호방하고 뛰어난 데다가 풍채가 좋아서 보는 사람들이 마치 신선 같다고 하기도 했다. 옥봉(玉峯) 백광훈(1537~1582)과 더불어 송천(松川) 양응정(1519~1581) 등의 문하에서 공부했다. 약관의 나이도 되지 않아 율곡(栗谷) 이이, 구봉(龜峯) 송익필, 동고(東皐) 최립 등과 함께 서울 무이동(武夷洞)에서 시를 주고받는데, 사람들이 이를 보고 '팔문장계(八文章稧)'라 불렀다.

23세에 태학에 들어가고, 1568년에 대과에 급제하였다. 그 뒤 북평사(北評事) · 예조좌랑(禮曹佐郎) · 병조좌랑(兵曹佐郎) · 사간원정언(司諫院正言)을 역임했다.

최경창은 기개가 호방하여 공명을 탐하지 않았다. 청렴과 고귀로 자신을 가다듬어 세상과 영합하지 않았으며, 아부하며 벼슬에 급급한 사람들과 가까이하면 자신을 더럽히는 것처럼 여겼다. 평소 당시의 재상 이산해와 사이가 좋았는데, 나중에 그의 마음가짐이 공평하지 않은 것을 보고 왕래를 끊어버릴 정도였다.

1582년 봄에 선조가 특별히 종성부사에 임명하였을 때 대간(臺諫)이 '너무나 빨리 승진했다'고 논하였으나 선조가 그 말에 귀를 기울이지 않고 부임시켰다. 그때 마침 북방을 맡은 장수가 참소를 듣고 장계를 올려 '공이 군정(軍政)을 닦지 않

▲ 최경창의 초상

는다'고 보고하자 대간의 논의가 다시 제기되었고 직강(直講)에 임명되었다. 이듬해 1583년 3월 부임 도중 경성의 객관에서 세상을 떠났다.

최경창은 시에 뛰어난 재주를 타고났는데, 문장가들은 "조선조 이래로 그러한 사람이 없었다."고 하였다. 글씨와 활쏘기도 잘했다. 필체는 청고하고 강경하여 옥봉(玉峯)과 막상막하였다.

또 거문고와 피리에도 아주 뛰어났다. 이런 일화가 있다. 젊은 시절 영암에서 살고 있을 때, 갑자기 들이닥친 왜구를 피해 배를 탔으나 곧 왜구에게 포위당하고 말았다. 달빛이 대낮처럼 밝고 파도가 일지 않은 밤이었다. 최경창은 옥통소를 꺼내 낭랑하게 한 곡을 불었는데, 그 소리가 매우 맑았다. 그 곡을 들으며 왜구들은 고향 생각이 나 서로를 돌아보았고 "이 포위 안에 반드시 신인(神人)이 있을 것이다." 하며 한쪽의 포위를 풀어주어 무사히 탈출할 수 있었다고 한다.

명나라 학사 주난우(朱蘭嵎)가 조서를 받들고 우리나라에 와서 최경창

의 시를 보고는 극구 감탄하며 '돌아가면 마땅히 강남(江南)에 퍼뜨려 귀국의 문물이 융성함을 드러내야겠다'고 할 정도였다. 그의 시를 몇 수 소개한다.

감흥(感興)

약초 캐 먹으면 오래 산다는데	採藥求長生
나는 어찌해야 하나	何如孤竹子
서산의 고사리 캐어 먹고	一食西山薇
맑은 바람 속에 사는 게 불사약이네	淸風猶不死

고묘(古墓)

옛 무덤에 제사 지내는 사람 없고	古墓無人祭
소와 양이 밟아 길이 났네	牛羊踏成道
해마다 들판에 불을 지르니	年年野火燒
무덤 위에는 풀도 없구나	墓上無餘草

스님에게(寄僧)

가을 산에 사람은 병들어 누워 있고	秋山人臥病
산길에는 낙엽만 수북이 덮였네	落葉覆行逕
문득 서쪽 암자의 스님을 생각하니	忽憶西菴僧
멀리서 풍경 소리 들려오네	遙聞日暮磬

봉은사에서 배 타고 돌아오며(自奉恩歸舟)

떠나기에 앞서 매화를 꺾어 들고	歸人臨發折梅花
백사장에 걸어 나가자 해가 또 기우네	步出沙頭日又斜
강물 돌고 산 움직이며 배가 멀어지니	水轉山移舟去遠
헤어지는 슬픔이 온 강에 가득 풍파를 일으키네	滿江離思起風波

영월루(暎月樓)

옥난간에 가을 드니 이슬 기운 맑아지고	玉檻追來露氣淸
수정 발은 차갑고 계수 꽃은 환한데	水晶簾冷桂花明
난새 타고 한 번 떠나 은하 다리 끊긴 뒤로	鸞慴一去銀橋斷
서글퍼라 선랑은 흰머리만 생겨나네	怊恨仙郞白髮生

대동강 놀잇배에서 읊음(浿江樓舡題詠)

물가 언덕에 한가로운 버들 늘어지고	水岸悠悠楊柳多
저 멀리 작은 배에는 연밥 따는 노랫소리	小舡遙唱采蓮歌
붉은 꽃잎 다 떨어져 가을바람 불어오니	紅衣落盡秋風起
해질 무렵 물가에는 흰 물결 일어나네	日暮芳洲生白波

〈홍랑은〉

홍랑은 함경도 홍원 태생의 기생이다. 정확한 생몰 연대는 전해지지 않는다. 홍랑은 일찍 아버지를 여의고 홀어머니와 함께 살았다. 둘도 없는 효녀라는 칭찬을 들었고 어려서부터 미모와 시재가 뛰어났다.

어머니가 깊은 병으로 자리에 누워 일어나지 못하자 어느 날 어린 홍랑은 80리 떨어진 곳에 명의가 있다는 말을 듣고 어린 몸으로 혼자서 꼬박 사흘을 걸어 찾아갔다. 찾아온 어린 소녀의 효성에 감탄한 의원은 나귀 등에 홍랑을 태우고 집에 도착했으나, 이미 어머니는 숨져 있었다. 슬픔과 절망 속에 동네 어른들의 주선으로 어머니를 양지 바른 뒷산에 묻었다. 몸도 부실한 상태에서 어린 홍랑은 석 달을 어머니 무덤 옆에서 떠나지 않고 울음을 토하며 살았다. 당시 홍랑의 나이 열두 살이었다.

의원은 그 후 다시 와서 홍랑의 갸륵한 효심과 사람됨을 보고 자기 집으로 데려가 수양딸처럼 키웠다. 시문과 여자가 갖춰야 할 예의범절 등까지 가르친 덕분에 홍랑은 절세가인으로 자라 꽃처럼 아름답게 피어났다. 천부적인 시재도 잘 가꾸었다.

그러나 홍랑은 어머니의 무덤이라도 자주 볼 수 있기를 원했다. 결국 집으로 돌아온 후 어머니의 무덤을 돌보며 살다가 타인에게 신세지지 않고 살 수 있는 길을 찾아 기적(妓籍)에 이름을 올리고 경성 관아의 기생으로 살아가게 되었다.

그 후 1573년 함경도 북평사로 부임한 최경창과의 운명적인 만남으로 영원히 사람들의 입에 오르내릴 감동적인 사랑 이야기의 주인공이 되었다.

2

유희경과 이매창

: 주옥같은 시를 낳은 천민 출신 시인과 기생의 사랑

그대의 집은 부안에 있고
나의 집은 서울에 있어
그리움 사무쳐도 서로 못 보니
오동나무에 비 뿌릴 때 애간장이 다 녹네

촌은(村隱) 유희경(1545~1636)이 사랑하던 이매창(1573~1610)을 그리워하며 지은 시다.
유희경은 천민 출신으로 뛰어난 시인이자 당상관(가의대부)까지 오른 입지전적 인물이다. 또
한 예학에도 조예가 깊었다. 유희경은 매창을 처음 만나자마자 사랑에 빠졌다. 예의지국을
꿈꾸던 유희경은 이전에는 기생을 가까이 하지 않았다고 한다. 하지만 매창을 보자 '파계'
를 하고, 둘만의 사랑을 엮어갔다. 길을 걸어가다가도 매창을 그리며 시를 짓기도 했다니
오죽하랴.
매창 역시 38세의 젊은 나이로 죽을 때까지 가슴 속에 간직한 연인은 오직 유희경뿐이었
다. 당대의 대표적 시인이었던 두 사람의 절절한 사랑은 주옥같은 절창(絶唱)들을 남긴다.
그들의 시를 통해 두 사람의 사랑 여정을 따라가본다.

부안 여행에서 만난 매창

1591년 따뜻한 봄날, 유희경은 부안에서 매창을 처음 보게 된다. 당시 유희경의 나이는 47세, 매창은 19세였다. 유희경은 소문으로만 듣던 매창도 만나볼 겸 봄날을 맞아 부안으로 여행을 갔다. 당시 매창은 시를 잘 짓고 거문고도 잘 타는 기생으로, 서울에까지 그 이름이 알려져 있었다. 여항시인으로 유명했던 유희경의 명성도 높았고, 매창 역시 유희경을 알고 있었다.

유희경은 김제부사 이귀(1557~1633)가 마련한 술자리에서 매창을 처음 대면했다. 매창은 유희경을 만나는 자리에서 그가 서울에서 이름난 시인이라는 말을 듣고는 "유희경과 백대붕 중에서 어느 분이십니까?"하고 물었다. 유희경과 더불어 백대붕 역시 시로 널리 알려져 있었기 때문이다.

유희경은 자신이 촌은 유희경이라고 소개하면서 매창에게 만나보고 싶었다고 말했다. 매창 역시 평소 시를 통해 흠모의 정을 품었던 유희경을 마주하게 됐으니 얼마나 기뻤겠는가. 두 사람은 술잔을 나누고 시와 거문고로 풍류를 즐기며 서로 마음을 주고받았다. 『촌은집』에 이런 기록이 있다.

"그가 젊었을 때 부안에 놀러갔었는데, 그 고을에 계생(매창)이라는 이름난 기생이 있었다. 계생은 그가 서울에서 이름난 시인이라는 말을 듣고는 '유희경과 백대붕 가운데 어느 분이십니까?'라고 물었다. 그와 백대붕의 이름이 먼 곳까지도 알려져 있었기 때문이다. 그는 그때까지 기생을 가까이 하지 않았지만 이때 비로소 파계하였다. 서로 풍류를 즐겼는데 매창도 시를 잘 지어 『매창집』을 남겼다."

유희경은 매창을 처음 본 순간 연정을 느꼈고, 매창에게 자신의 마음을 표현한 시 「증계랑(贈癸娘)」을 지어 건넸다.

일찍이 남쪽 땅의 계랑 이름 들었는데	曾聞南國桂娘名
시와 노래가 서울까지 흔들었지	詩韻歌詞動洛城
오늘 그대의 진면목을 가까이 대해 보니	今日相看眞面目
선녀가 하늘에서 내려온 듯하구나	却疑神女下三淸

이에 매창은 거문고를 타며 다음과 같은 시로 화답했다.

내게는 옛날의 거문고가 있어	我有古奏箏
한 번 타면 온갖 감회가 일지요	一彈百感生
세상에 이 노래를 아는 이 없으니	世無知此曲
임의 생황 소리에나 맞춰보리	遙和謳山笙

유희경이 생황도 잘 분다는 사실을 알고 이렇게 읊은 것이다. 매창의 이 시를 듣고 유희경은 또다시 시 한 수를 읊는다.

나에게 선약이 하나 있으니	我有一仙藥
고운 얼굴 찡그린 것도 고칠 수 있다네	能醫玉頰嚬

| 비단 보자기에 깊이 감추어 두었다가 | 深藏錦囊裏 |
| 정다운 임에게 주고 싶어라 | 欲與有情人 |

서로 첫눈에 반한 두 사람은 이날 거문고와 시로 화답하며 밤이 깊어 가는 줄도 모르고 정을 나누었다. 천민 출신 시인과 기생 시인의 특별한 만남이었다.

꿈같은 날은 끝이 나고

이날 이후 두 사람은 꿈같은 나날을 보내게 되나 길지는 못했다. 이듬해 봄 임진왜란이 일어나 유희경이 권율 장군의 휘하에 들어가면서 한양으로 가야 했기 때문이다. 이별하는 날 매창은 이별하기 싫은 마음을 담은 시 「자한(自恨)」을 짓는다.

봄바람 불며 밤새도록 비가 오더니	東風一夜雨
버들잎과 매화가 다투어 피었구나	柳與梅爭春
이런 봄날에 가장 견디기 어려운 것은	對此最難堪
술동이 앞에 놓고 임과 헤어지는 일이네	樽前惜別人

| 마음속에 품은 정을 말하지 못하니 | 含情還不語 |
| 그저 꿈인 듯하고 바보가 된 듯하네 | 如夢復如痴 |

거문고로 강남곡을 타 보지만	綠綺江南曲
이 심사를 묻는 사람이 없네	無人問所思
이내 낀 버드나무 푸르다 못해 어둡고	翠暗籠煙柳
안개 속 꽃잎 붉음은 어지러울 정도네	紅迷霧壓花
나무꾼 노랫소리 아득히 울리는 곳에	山歌遙響處
뱃전의 피리 소리 석양에 기우네	漁笛夕陽斜

유희경은 의병으로 전장을 누볐다. 전쟁은 이렇게 사랑하는 사이를 갈라놓았다. 두 사람 모두 서로를 못 잊어하며 그리워했으나 만나지 못했다. 이별 후 매창과 유희경은 그 그리움을 편지로도 주고받지 못한 채 각자 시로 마음을 달래야 했는데, 매창의 절창 「이화우(梨花雨)」가 이때 태어난다. 두 사람이 이별할 때가 봄이었는데, 그새 가을로 바뀌었다.

이화우(梨花雨) 흩뿌릴 때 울며 잡고 이별한 임
추풍낙엽(秋風落葉)에 임도 날 생각하는가
천 리에 외로운 꿈만 오락가락 하노라

이 작품은 1876년 박효관과 안민영이 편찬한 『가곡원류(歌曲源流)』에 실려 있는데, 시조 아래 주석에 "촌은이 서울로 돌아간 뒤 소식이 없었다. 이에 이 노래를 지어 수절했다."라고 기록되어 있다. 매창이 유희경을 그리워하며 지은 시조임을 알 수 있다. 유희경도 매창을 향한 마음이 절절할

▲ 매창공원에 있는 이매창 시비 '이화우'

수밖에 없다. 「회계랑(懷癸娘)」이라는 시를 지어 마음을 달랜다.

그대의 집은 부안에 있고	娘家在浪州
나의 집은 서울에 있어	我家住京口
그리움 사무쳐도 서로 못 보니	相思不相見
오동나무에 비 뿌릴 때 애간장이 다 녹네	腸斷梧桐雨

다른 일로 길을 가다가도 매창 생각이 불쑥 떠오른다. 「도중억계랑(途中憶癸娘)」이라는 시다.

임과 한 번 헤어지니 아득히 멀어져	一別佳人隔楚雲

나그네 심사 어지럽기만 하네	客中心緒轉紛紛
청조도 날아오지 않아 소식조차 끊어지니	靑鳥不來音信斷
벽오동에 찬비 내리는 소리 견딜 수 없어라	碧梧凉雨不堪聞

매창은 유희경이 임진왜란 때 의병으로 활동하는 등 나라에 공을 많이 세워 벼슬이 당상관까지 올랐다는 소식을 들었다. 그가 궁궐 바로 근처에 문화 사랑방인 침류대(枕流臺)를 짓고 이원익, 이수광, 신흠, 김상헌 등 당대의 저명인사들과 잘 지내고 있다는 소문도 함께 들었다. 임의 소식을 들으니 더욱 보고 싶었을 것이다. 매창의 「자한(自恨)」이라는 시다.

차가운 봄날이라 겨울옷 꿰매는데	春冷補寒衣
사창(紗窓)에는 햇살이 비치고	紗窓日照時
숙인 머리 손길 따라 맡기는데	低頭信手處
구슬 같은 눈물 바늘과 실에 떨어지는구나	珠淚滴針絲

서로 떨어진 채 세월이 자꾸만 흘러가니 정과 함께 시름과 외로움도 쌓여갔다. 밤새 시름으로 뒤척이니 몸마저 야위어갔다. 매창의 「규원(閨怨)」이란 작품이다.

이별이 너무 서러워 중문 걸고 들어앉으니	離懷消消掩中門
비단옷 소매엔 향기 없고 눈물 흔적뿐이네	羅袖無香滴淚痕
홀로 있는 깊은 규방 외롭기만 한데	獨處深閨人寂寂

뜰에 내리는 보슬비는 황혼조차 가리네   一庭微雨鎖黃昏

그리워도 말 못하는 애타는 마음   相思都在不言裡
하룻밤 시름으로 흰머리 반이로다   一夜心懷鬢半絲
저의 고통스런 마음 알고 싶다면   欲知是妾相思苦
금가락지 헐거워진 손가락 보소서   須試金環減舊圓

유희경을 향한 매창의 순정은 갈수록 깊어간다. 뭇 남성들이 매창에게
매료되어 술 한 잔과 잠자리를 갈망하였으나 매창은 그때마다 뿌리치며
지조를 지켰다. 매창의 「취한 손님에게(贈醉客)」라는 시다.

취한 손님이 명주저고리 옷자락을 잡으니   醉客執羅衫
손길 따라 명주저고리 소리를 내며 찢어지네   羅衫隨手裂
명주저고리 하나쯤이야 아까울 게 없지만   不惜一羅衫
임이 주신 은정까지도 찢어질까 두려울 뿐이네   但恐恩情絶

이수광의 『지봉유설(芝峯類說)』에도 매창이 절개를 지킨 일화가 기록되
어 있다. 어느 나그네가 매창의 소문을 듣고 시로 매창을 유혹하자 매창
은 다음과 같은 시를 지어 그를 물리쳤다.

평생에 여기저기 떠도는 생활 배우지 않고   平生不學食東家
매창에 비낀 달빛만 사랑하며 살았네   只愛梅窓月影斜

| 사람들은 이런 그윽한 내 뜻을 몰라보고 | 時人未識幽閑意 |
| 뜬구름이라 손가락질하며 잘못 알고 있네 | 指點行雲枉自多 |

16년 만의 재회

두 사람이 헤어진 지 16년이 흘렀다. 1607년에 둘은 다시 만나게 되었다. 당상관이 된 유희경이 전라감영이 있는 전주에 잠깐 내려왔던 모양이다. 이때 매창의 나이 34세, 유희경은 62세였다. 노인이 된 유희경은 매창을 만나 열흘간 지내며 회포를 푼다. 이때 유희경은 매창에게 이런 시를 지어준다. 매창에 대한 마음이 복합적으로 나타나 있는 「중봉계랑(重逢癸娘)」이라는 시다.

옛날부터 임 찾는 것은 때가 있다 했는데	從古尋芳自有時
그대 시인께선 무슨 일로 이리도 늦었는가	樊川何事太遲遲
내가 온 것은 임 찾으려는 뜻만이 아니라	吾行不爲尋芳意
시를 논하자는 열흘 기약이 있었기 때문이네	唯趁論詩十日期

유희경은 끝에 "내가 전주에 갔을 때 매창이 내게 '열흘만 묵으면서 시를 논했으면 좋겠다'고 하기에 이렇게 쓴 것"이라는 설명을 달아놓았다. 이 시에서 유희경이 자신과 비유한 번천(樊川)은 당나라 시인 두목(杜牧)을 말한다. 매창도 옛일을 더듬으며 화답했다. 「옛날을 생각하며(憶昔)」다.

임진년 계사년에 왜적들이 쳐들어왔을 때	謫下當時壬癸辰
이 몸의 시름과 한을 누구에게 호소했으리	此生愁恨與誰伸
거문고 끼고 홀로 외로운 난새의 노래를 뜯으며	瑤琴獨彈孤鸞曲
구슬픈 마음으로 삼청에 계실 그대를 생각했네	悵望三淸憶玉人

난새(鸞)는 전설 속 상상의 새로 봉황(鳳凰)과 비슷한 새를 가리키며, 삼청(三淸)은 신선의 세계를 말한다. 난새 이야기는 송나라 범태의 『난조지서』에 나온다. 난새가 계빈이란 왕에게 잡혀 새장에 갇혔다. 왕은 난새가 노래하기를 기다렸으나 3년 동안 울지 않았다. 그래서 왕은 새장 앞에 거울을 걸어 바라보게 했다. 그러자 난새는 슬피 울기 시작했다. 결국 난새는 거울을 향해 달려들어 부딪혀 죽게 된다. 이 난새 이야기를 노래로 만든 것이 「고란곡(孤鸞曲)」이다.

유희경이 궁궐 근처에 침류대를 지어 놓고 당시의 인사들과 사교를 하던 동네가 삼청동이어서, 삼청은 삼청동을 의미하는 것이라 보는 이도 있다. 유희경이 쓴 「계랑을 놀리며(戱贈癸娘)」라는 시도 이때 썼을 것이다.

푸른 버들 붉은 꽃 피는 봄철은 순간이고	柳花紅艶暫時春
고운 얼굴 주름지면 되돌리기 어려워라	猨隨難醫玉頰嚬
선녀인들 홀로 잠드는 쓸쓸함을 어이 견디리	神女不堪孤枕冷
무산 운우의 정을 자주 나누세 그려	巫山雲雨下來頻

무산의 운우는 구름도 되고 비가 되기도 하는 무산의 선녀가 초나라

왕과 동침을 하여 황홀경에 이르렀다는 중국의 고사에서 나온 말이다. 그러나 두 사람이 이렇게 회포를 푸는 날도 너무나 짧았다. 유희경이 다시 서울로 돌아가야 했기 때문이다. 이별의 날, 매창은 정말 헤어지기가 싫었나 보다. 매창의 「별한(別恨)」이다.

임 떠난 내일 밤이야 짧고 짧아지더라도	明宵雖短短
임 모신 오늘 밤만은 길고 길어지소서	今夜願長長
닭 울음소리 들리고 날은 곧 새려는데	鷄聲聽欲曉
두 눈에선 눈물이 하염없이 흐르네	雙瞼淚千行

유희경이 서울로 가버린 후 매창은 다정이 병이 되어 몸져눕는다. 매창의 「병중(病中)」이라는 시다.

이것은 봄을 슬퍼하는 병이 아니오	不是傷春病
다만 임을 그리는 탓일 뿐이네	只因憶玉郞
티끌 같은 세상 괴로움 하도 많아	塵寰多苦累
외로운 학이 못 떠나는 심정이네	孤鶴未歸情

어쩌다 그릇된 소문이 돌아	誤被浮虛說
도리어 여러 입에 오르내리네	還爲衆口喧
부질없는 시름과 한으로	空將愁與恨
병을 안고 사립문을 닫네	抱病掩柴門

유희경도 매창과 헤어져 한양으로 간 뒤 매창에게 「계랑에게(寄癸娘)」라는 시를 지어 보낸다.

헤어진 뒤로 다시 만날 기약 아직 없으니	別後重逢未有期
멀리 있는 그대 꿈에서나 그리워할 뿐	楚雲秦樹夢想思
어느 때 우리 함께 동쪽 누각에 기대어 달 보며	何當共倚東樓月
전주에서 술 취해 시 읊던 일 이야기하려나	却話完山醉賦詩

유희경과 헤어진 지 3년 후인 1610년 여름, 매창은 38세의 나이로 쓸쓸히 죽는다. 그녀는 애지중지하던 거문고를 함께 묻어달라는 유언을 남겼다. 매창이 죽기 전에 마지막으로 남긴 시다.

도원에서 맹세할 땐 신선 같던 이 몸이	結約桃園洞裏仙
이다지도 처량할 줄 그 누가 알았으랴	豈知今日事凄然
애달픈 이 심정을 거문고에 실어볼까	坐懷暗恨五絃曲
가닥가닥 얽힌 사연 시로나 달래볼까	萬意千事賦一篇

풍진 세상 시비 많은 괴로움의 바다인가	塵世是非多苦海
깊은 규방 밤은 길어 몇 해인 듯하구나	深閨永夜苦如年
덧없이 지는 해에 머리를 돌려 보니	藍橋欲暮重回首
구름 덮인 첩첩 청산 눈앞을 가리네	青疊雲山隔眼前

뒤늦게 매창의 죽음을 안 유희경은 슬퍼하며 「만시(輓詩)」를 남긴다.

맑은 눈 하얀 이 푸른 눈썹의 계랑아	明眸皓齒翠眉娘
홀연히 구름 따라 간 곳이 묘연하구나	忽然浮雲入杳茫
꽃다운 혼 죽어 저승으로 돌아가는가	終是芳魂歸浿邑
그 누가 너의 옥골 고향 땅에 묻어주리	誰將玉骨葬家鄉

마지막 저승길에 슬픔이 새로운데	更無旅櫬新交呂
쓰다 남은 화장품에 옛 향기 그윽하다	只有粧瞼舊日香
정미년에 다행히 서로 만나 즐겼건만	丁未年間行相遇
이제는 애달픈 눈물 옷깃만 적시네	不勘哀淚混衣裳

〈유희경은〉

유희경(1545~1636)은 조선 중기의 시인이다. 호는 촌은(村隱)이고, 천민 출신이다. 유몽인(1559~1623)이 지은 『유희경전(柳希慶傳)』을 보면 그를 정확히 노비라고 지칭하지는 않았으나 '미천(微賤)'한 신분이라는 단어를 썼다. 그의 아버지 이름이 '업동(業仝)'인 것으로 보아 노비 혹은 천민 신분이었음을 알 수 있다.

유희경은 한양에서 태어났으며, 어려서부터 효자로 이름이 났다. 열세살에 아버지의 상을 당하자 예(禮)를 다했는데, 이 소문을 들은 사대부 남

◀ 매창공원에 있는 유희경 시비
「매창을 생각하며」

언경(南彦經)이 유희경을 돌보고 가르치면서 새로운 삶을 살게 되었다.

　유희경의 벼슬살이는 임진왜란 때 의병으로 나가 싸운 공으로 선조 임금의 포상과 교지를 받으면서부터 시작되었다. 이때 사신들의 잦은 왕래로 호조의 비용이 고갈되자 그가 계책을 내놓았고, 그 공로로 통정대부(通政大夫)의 품계를 받았다. 광해군 때는 이이첨이 모후인 인목왕후를 폐하기 위한 상소를 올리라고 협박했지만 거절하였다. 인조반정 이후 절의를 인정받아 가선대부(嘉善大夫)의 품계를 받았고, 80세가 되면서 가의대부(嘉義大夫)를 받았다.

　정암(靜庵) 조광조의 어짊을 흠모하였던 유희경은 남언경이 도봉서원을 창건하는 데 도움을 주고는 실질적으로 서원을 다스려 나갔다.

유희경은 문인들과 교유하면서 한시를 잘 지었다. 자신의 집 뒤쪽 시냇가에 돌을 쌓아 대를 만들어 '침류대(枕流臺)'라 이름 짓고 그곳에서 차천로, 이수광, 신흠, 김현성, 홍경신, 임숙영, 조우인, 성여학 등의 문인들과 시로써 화답하였다. 이 시들을 모아 『침류대시첩(枕流臺詩帖)』을 만들었다.

그는 당시 같은 천민 신분으로 시에 능하였던 백대붕과 함께 '풍월향도(風月香徒)'라는 모임을 만들어 주도했다. 이 모임에는 박계강(朴繼姜), 정치(鄭致), 최기남(崔奇男) 등 중인 신분을 가진 시인들이 참여했다. 박순으로부터 당시(唐詩)를 배웠는데, 허균의 『성수시화(惺叟詩話)』를 보면 그를 '천인으로 한시에 능통한 사람'으로 꼽고 있다. 그의 시는 한가롭고 담담하여 당시에 가깝다는 평을 들었다. 또한 서경덕의 문인이던 남언경에게 문공가례(文公家禮)를 배워 상례에 특히 밝아 국상이나 사대부가의 상(喪)에 집례하는 것으로 이름이 났다. 저서로 『촌은집(村隱集)』과 『상례초(喪禮抄)』가 있다. 택당(澤堂) 이식(1584~1647)이 유희경의 시에 대해 쓴 글이다.

"촌은 유희경은 시를 짓는 경험이 풍부했다. 나이가 84세에 이르렀지만 여전히 시문의 자질과 기풍이 미간에 어려 있다. 한평공(韓平公)이 상자를 열어 수백 편의 글을 찾아낸 후 다시 가려 뽑아 정리해 서문을 써 붙였다. 동료들에게 보여주었는데, 모두 맑고 깨끗해 읊을 만했다.

나는 일찍부터 '시는 본성에 뿌리를 두고 있는 만큼, 책으로 배울 수 있는 것이 아니다. 다시 말해 그 정수를 마음속 깊이 쌓아 두었다가 오묘하게 표현해내면 될 뿐이다.'라고 생각해왔다. 예를 들어 유희경은 가난하고 궁색해 지금까지 박사나 유생처럼 단 한 번도 마음껏 서책을 배우고 외우거나 글을 짓는 공부에 열중할 수 없었다. 그러나 끝에 가서는 그들을 모두 뛰어넘었다. 특별한 이유가 있어서가 아니라 마음이 맑고 잡스러운 생각이 없으며, 가슴속에 지나친 욕심으로 인한 더러운 찌꺼기를 담아두지 않았기 때문일 것이다.

게다가 유희경은 평생 동안 이름난 산과 강을 찾아다니며, 틈만 나면 풀과 바위 그리고 새와 물고기를 보고 즐겼다. 또 경전에 밝고 문장에 해박한 유학자나 뛰어난 선비는 물론이고 세속을 피해 은둔한 사람이나 스님들과도 접촉하면서 자신을 갈고 닦는 일을 게을리하지 않았다. 이 같은 일을 어려서부터 줄곧 해왔기 때문에, 가슴속에 가득 쌓인 정수가 자연스럽게 밖으로 드러난 것이리라.

더군다나 유희경이 한창 왕성하게 활동할 때는 우리나라 학문과 문장이 그 어느 때보다도 활짝 꽃을 피워 옛 당나라의 전성시대를 뛰어넘고 있던 시기였다. 홍문관과 예문관의 대가들이 옛 당나라의 명문장가인 장열과 소정의 수준을 뛰어넘고 있었고, 하급 벼슬아치들의 글조차 새가 힘차게 울고 높이 날아오르는 듯했다. 더 아래로는 아전이나 일반 백성들까지 들판의 까마귀처럼 울어대고 모래밭의 학처럼 시 구절을 읊어댔다. 유희경이나 노복 출신인 백대붕이 바로 그런 사람들이다.

당시 사람들은 유희경이나 백대붕 같은 사람들을 일컬어 '풍월향도(風月香徒)'라고 했다. 학사와 선생들조차 그들 앞에서 자신을 낮추고 예우했다. 또 이따금씩 함께 어울려 시를 주고받고 읊었다. 옛 시대의 시와 민요가 남겨 놓은 뜻과 취지가 이렇게 무성하게 배어나왔으니, 이 얼마나 성대했겠는가?

그러나 그로부터 수십 년이 흐르면서 전란과 살육의 시대를 겪는 바람에 선비들이 몰락하고 글의 기운은 쇠퇴해졌으며, 유희경처럼 시를 짓는 사람들 또한 일찍 죽거나 사라져버렸다. 지난날 세상을 뒤덮던 기상은 더이상 찾아볼 수 없게 되었지만, 유희경만은 오래도록 명성을 드날리며 여러 선비들의 칭송을 받았다."

〈매창은〉

이매창(李梅窓·1573~1610)은 조선 선조 때의 기생이며 여류시인이다. 한시 70여 수와 시조 1수가 전해지고 있다. 시와 가무에도 능했을 뿐만 아니라 정절의 여인이라 해서 부안 지방에서 400여 년 동안 사랑받아 왔다.

매창은 전라도 부안현의 아전이던 이탕종의 서녀로 태어났다. 아버지에게서 한문을 배웠으며, 시문과 거문고를 익혀 기생이 되었다. 어머니가 기생이었을 것으로 추정된다. 열 살 되던 해 하루는 백운사(白雲寺)에서 시짓기 대회가 열려 부안의 내로라는 시인 묵객이 모두 모였다. 당시 구경삼아 절에 갔던 매창이 절묘한 시를 지어 사람들을 놀라게 했는데, 그 시는 다음과 같다.

걸어서 백운사에 오르니   步上白雲寺

절이 흰 구름 사이에 있네	寺在白雲間
스님이여 흰 구름을 쓸지 마소	白雲僧莫掃
마음은 흰 구름과 함께 한가롭소	心與白雲閑

조선후기의 학자 홍만종은 시를 비평한 그의 저술 『소화시평(小華詩評)』에서 "근래에 송도의 진랑(眞娘: 황진이)과 부안의 계생(桂生: 매창)은 그 사조(詞藻)가 문사들과 비교하여 서로 견줄 만하니 참으로 기이하다."라고 하며, 매창을 황진이와 함께 조선을 대표하는 명기(名妓)로 평가했다. 그녀는 시문과 거문고에 뛰어나 당대에 큰 명성을 얻으면서, 천민 출신의 시인 유희경, 『홍길동전』을 지은 허균, 인조반정의 공신 이귀 등과 같은 많은 문인·관료들과 교유했다. 『매창집(梅窓集)』의 발문을 보면, 그녀의 출생에 관한 정보를 찾을 수 있다.

"계생(桂生)의 자(字)는 천향(天香)이다. 스스로 매창이라고 했다. 부안현의 아전 이탕종(李湯從)의 딸이다. 만력(萬曆) 계유년(1573)에 나서 경술년(1610)에 죽었으니, 사망 당시 나이가 서른여덟이었다. 평생토록 노래를 잘했다. 지은 시 수백 편이 그 당시 사람들의 입에 오르내렸지만, 지금은 거의 흩어져 사라졌다. 숭정(崇禎) 후 무신년(1668) 10월에 아전들이 읊으면서 전하던 여러 형태의 시 58수를 구해 개암사(開巖寺)에서 목판본으로 간행했다."

매창이 기생으로 살아간 것으로 보아 매창의 어머니는 부안현에 소속

된 관비였을 것으로 추정된다. 대개 기생은 관비 출신 중에서 충원되었기 때문이다. 관아에 속한 기생은 기안(妓案: 관기 명부)에 올라 관리를 받았다. 기생들의 이름은 호방(戶房)에서 출석을 점검할 때 부르기 편하도록 지어졌는데, 매창은 계유년(癸酉年)에 태어났으므로 계생(癸生)·계생(桂生)·계랑(癸娘)·계랑(桂娘)으로 불리었다. 그러나 매창은 이 이름이 마음에 들지 않았는지 스스로 '매창(梅窓)'이라는 호를 지었다.

당대 최고의 시 비평가였던 허균은 매창의 재주를 높이 평가하였고,

▼ 부안 매창공원에 있는 이매창 묘의 전경

이에 많은 문인들이 매창을 찾아 시를 주고받으려 하였다. 확인된 인물들로는 권필, 심광세, 임서, 한준겸 등이 있다. 실제로는 이보다 더 많은 문인들과 시를 주고받았을 것이다. 권필은 매창에게 주는 시에 '여자 친구 천향에게 주며(贈天香女伴)'라고 적으며 친근감을 표현하였다. 한준겸도 매창에게 '노래하는 기생 계생에게 주며(贈歌妓癸生)'라는 시를 건넸으며, 매창을 당나라 중기의 이름난 기생인 설도(薛濤)에 비유하기도 했다. 매창에게 있어서 유희경, 허균, 이귀, 한준겸 등 당대의 문사들은 마음을 함께 나누며 시를 노래하는 친구와 다름없었다.

그러나 매창의 삶은 너무 짧았다. 38세의 젊은 나이로 세상을 떠났다. 평소에도 매창은 "나는 거문고와 시가 정말 좋아요. 이후에 내가 죽으면 거문고를 함께 묻어주세요."라고 했다고 한다. 그 말에 따라 부안읍 남쪽에 있는 봉덕리 공동묘지에 그녀가 아끼던 거문고와 함께 묻혔다. 사람들은 이 공동묘지를 '매창이뜸'이라고 불렀다. 그녀가 죽은 지 45년 후인 1655년 무덤 앞에 비석이 세워졌고, 그 후 13년이 흐른 뒤인 1668년에는 그녀의 시집 『매창집』이 나왔다. 그녀가 지은 수백 편의 시들 중 고을 사람들에 의해 전해 오던 시 58수를 부안 고을 아전들이 모아 개암사에서 목판에 새겨 찍은 것이다.

350여년의 세월이 흐르면서 매창의 비석이 풍우에 시달려 글자가 마멸되어 알아볼 수 없게 되자, 부안의 시인 모임인 '부풍시사(扶風詩社)'에서 1917년에 '명원이매창지묘(名媛李梅窓之墓)'라고 새긴 비석을 다시 만들어 세웠다. 이 비석을 세우기 전까지는 고을 사람들이 후손도 없는 매창의 무덤을 돌보아주었다. 남사당패와 가극단, 유랑극단도 이 고을에 오면 매창의 무덤부터 찾아 한바탕 굿판을 벌이며 추모의 술잔을 올린 뒤에 공연을 했다.

매창은 천대받는 기생 신분이었지만 언행이 조신하고 정결했으며, 그런 성품과 정한을 빼어난 시로 승화시켰다. 천성이 고고하고 개결하여 음탕한 것을 좋아하지 않았던 매창, 그녀는 시를 매개로 당대의 학자들과 깊은 교유관계를 유지하며 많은 이들로부터 진정한 사랑을 받았다. 특히 유희경과의 아름답고 순결한 사랑 이야기는 후세인들에게 영원히 전해질 것이다.

▲ 이매창 묘비

3
허균과 이매창

: 조선의 이단아 허균이 평생을 사랑했던 고고한 시인 매창

흩날리는 꽃잎에 속절없이 한이 쌓이고
시든 난초에 다만 마음이 상할 뿐이네
봉래섬에 구름도 자취가 사라지고
푸른 바다에 달도 이미 잠기었구나

매창이 죽자 허균(1569~1618)이 그녀를 기려 지은 시 중 일부다. 그리 길지 않은 인생을 산 매
창이 진정한 사랑을 주고받은 주인공은 유희경이지만, 매창은 또한 허균이 정신적 연인으
로 삼았던 주인공이기도 했다. 허균에게 있어 매창은 각별한 의미를 지닌 여인이었다.

처음 만나 하루 종일 술 마시며 시를 주고받으니

허균과 매창의 첫 만남은 허균의 나이 33세, 매창의 나이 29세이던 1601년 7월이었다. 허균이 전라도의 세금을 거둬들이는 전운판관(轉運判官)으로 갔을 때 일이다. 허균은 그 즈음의 일기를 「조관기행(漕官紀行)」에 자세히 썼는데, 매창과 만난 일을 다음과 같이 기록하고 있다.

"임자(壬子)일 부안에 도착했다. 비가 몹시 내려 집 안에 머물렀다. 고홍달(高弘達)이 인사를 왔다. 창기(倡妓) 계생(桂生)은 이옥여(李玉汝: 옥여는 이귀의 자)의 정인(情人)이다. 거문고를 뜯으며 시를 읊었다. 비록 생김새는 드날릴 정도는 아니었지만, 재주와 정감이 있어 함께 이야기할 만하였다. 하루 종일 술을 마시고 시를 읊으며 서로 화답하였다. 밤에는 자기 조카딸을 침실로 들였는데 곤란한 일을 피하기 위해서였다."

매창이 유희경을 가슴에 품고 수절하고 있었거나 이귀(李貴·1557~1633)의 정인이었기 때문에 허균이 피한 듯하다. 서로 유혹을 느낀 데다 매창은 기생이었기에 잠자리를 같이 할 수 있었지만 그들은 결국 서로 선을 넘지 않았다. 허균과 매창의 이 같은 사귐은 그녀가 38세로 죽을 때까지 이어졌다.

허균과 매창이 다시 만난 것은 1608년이다. 선조가 죽고 광해군이 왕위에 오르자 허균은 공주목사 자리에서 파면당하고 부안을 찾았다. 그는 매창, 그리고 해안(海眼)이라는 승려와 더불어 주변의 여러 절경을 찾아다

▲ 죽서루(삼척). 허균이 삼척부사로 있을 때 자주 찾았던 누각이다.

니며 시를 짓고 노래를 부르고 술을 마시는 풍류 속에서 울분을 삭였다. 허균은 이때 매창에게 불법(佛法)의 진리와 참선을 가르쳐주기도 했다.

허균은 당시 이단으로 지목되던 불교나 도교는 물론 서학(西學)에도 깊은 관심을 가졌다. 매창은 이런 허균의 영향을 받았다. 허균의 문집 『성소부부고(惺所覆瓿藁)』에 허균이 매창에게 보낸 2통의 편지가 남아 있다. 둘다 시기는 1609년이고, 1월과 9월로 되어 있다. 허균은 그해 1월에 중국사신의 일행으로 뽑혀서 중국에 다녀왔고, 홍문관 월과(月課)에서 잇달아

세 번 일등을 하자 결국 광해군의 눈에 들어 9월에는 형조참의로 고속 승진했다.

허균의 편지에는 매창을 향한 애정이 넘친다. 1609년 1월, 계랑(桂娘)에게 보낸 편지 내용이다.

"그대가 보름달을 바라보면서 거문고를 타며 산자고를 읊었다는데, 왜 한가하고 은밀한 곳에서 하지 않고 윤부윤의 비석(尹碑) 앞에서 불러 남의 허물을 잡는 사람에게 들키고, 3척(尺)의 거사비(去思碑)를 시로 더럽히게 하였는가. 이것은 그대의 잘못인데, 비방이 내게로 돌아오니 억울하오. 요즘도 참선을 하시는가? 그리운 정이 간절하구려."

'산자고'에서 '자고'는 꿩과의 새로 메추리와 비슷하게 생겼는데, '산자고'는 산에 사는 자고새에 빗대어 무엇을 표현한 노래인 듯하다. 거사비는 감사나 수령이 소임을 마치고 떠난 뒤에 그 선정(善政)을 기리어 고을의 백성들이 세운 비를 말한다. 뭔가 사연이 있을 법한 내용인데, 그 내용은 이렇다. 매창과 가깝게 지낸 고을 원님이 있었는데 그 사람이 떠나간 뒤 고을 사람들은 그를 위해 비석을 세워주었다. 어느 날 밤 매창이 그 비석 옆에서 '산자고'를 불렀는데, 그것이 누구를 향한 노래였는지는 확실하지 않다. 하여간 그 때문에 '매창이 눈물을 흘리며 허균을 원망했다'는 소문이 났고, 허균의 친구인 이원형은 그것을 주제로 시까지 지었다. 당연히 허균은 곤란해졌고, 이런 편지를 보내게 된 것이다.

1609년 9월 매창에게 보낸 두 번째 편지를 보면 허균과 매창의 관계를 명확히 알 수 있다.

"봉래산(蓬萊山)의 가을이 한창 무르익었으리니, 돌아가고픈 생각이 가득가득하다오. 그대는 틀림없이 성성옹(惺惺翁: 허균 자신을 가리킴)이 시골로 돌아오겠다는 약속을 어겼다고 웃을 거요. 그때 만약 생각을 한 번 잘못했더라면 나와 그대의 사귐이 어떻게 10년 동안이나 그토록 돈독할 수 있었겠소. 이제 와서야 진회해(秦淮海)는 진정한 사내가 아니고 망상을 끊

▲ 자금성 태화전(중국 베이징). 허균은 사신으로 명나라에 갔을 때 자금성을 찾았다.

조선의 선비들, 사랑에 빠지다

는 것이 몸과 마음에 유익한 줄 알았을 것이오. 어느 때나 만나서 하고픈 말을 다할지 편지 종이를 대하니 마음이 서글프오."

위 글에 나오는 진회해(1049~1100)는 어려서부터 문재(文才)가 뛰어났던 북송대의 시인이다. 이름은 진관(秦觀)이고, 회해는 호다. 남녀의 사랑을 묘사한 시와 신세를 한탄하는 시를 많이 남겼다. 시들은 수려하고 함축미가 넘치며, 비교적 부드러운 편이다. 여기서 진회해는 풍류객의 대명사로 쓰인 듯하다.

매창은 죽고

그런데 아쉽게도 이듬해에 매창이 죽는다. 소식을 들은 허균은 눈물을 흘리며 매창을 기리는 글 「애계랑(哀桂娘)」을 지었는데, 시 2수가 포함되어 있다.

"계생(桂生)은 부안 기생이다. 시에 능하고 글도 알았으며, 노래와 거문고도 잘했다. 천성이 고고하고 깨끗하여 음탕한 것을 좋아하지 않았다. 내가 그 재주를 사랑하여 교분이 막역하였으며, 비록 우스갯소리를 나누며 가까이 지냈지만 어지러운 지경에까지는 이르지 않았으므로, 그 사귐이 오래가도 변하지 않았다. 지금 그녀가 죽었다는 소식을 듣고 그를 위해 한 차례 울고 난 후 율시 2수를 지어 그를 슬퍼한다."

절묘한 글귀는 넓게 펼쳐진 비단이오   妙句堪擒錦
맑은 노래는 흩어지고 머무르는 구름이라   清歌解駐雲
복숭아를 훔친 죄로 하계에 귀양 와서   偸桃來下界
선약을 훔쳐 인간세상을 떠나셨네   竊藥去人群
부용꽃 휘장에 등불은 어두워졌는데   燈暗芙蓉帳
비취색 치마에 향내는 아직도 남아 있구려   香殘翡翠裙
내년에 복사꽃 활짝 피어날 때엔   明年小桃發
그 누가 *설도의 무덤을 찾아주리오   誰過薛濤墳

처절하구나 *반첩여의 부채여   凄絶班姬扇
서글프구나 *탁문군의 거문고여   悲凉卓女琴
흩날리는 꽃잎에 속절없이 한이 쌓이고   飄花空積恨
시든 난초에 다만 마음이 상할 뿐이네   衰蕙只傷心
봉래섬에 구름도 자취가 사라지고   蓬島雲無迹
푸른 바다에 달도 이미 잠기었구나   滄溟月已沈
앞으로는 봄이 와도 *소소의 집에는   他年蘇小宅
앙상한 비들 그늘을 이루지 못하겠구려   殘柳不成陰

구구절절 안타까움이 묻어난다. 8년 후 허균은 반역죄로 처형을 당한다.

〈허균은〉

허균(1569~1618)은 조선 중기의 탁월한 문장가이자 사상가, 개혁가다. 호로 교산(蛟山), 학산(鶴山), 성소(惺所), 백월거사(白月居士) 등을 사용했다. 허균처럼 극적인 삶을 산 인물도 흔하지 않다. 그는 사회의 안정을 해치는 위험인물로 지목되었고 그의 사상은 불온한 것으로 취급되었다. 결국 광해군 10년(1618)에 역적의 혐의를 받고 형장의 이슬로 사라졌다.

허균은 개성이 강하고 과격하며 독단적인 성향의 인물이었다. 그가 살았던 16세기 말에서 17세기 초는 조선 사회가 보수와 혁신의 갈림길에서 고민하던 시기였다. 허균은 이러한 시기에 혁신의 길을 간 대표적인 인물이다.

허균은 경상도 관찰사 허엽의 3남 2녀 중 막내아들로 태어났다. 맏형 허성과 중형 허봉은 부친과 더불어 조정의 명신으로 활약했다. 성리학과 문장, 외교 활동으로 이름이 높았다. 또한 허균에게는 조선시대 최고의 여류 시인으로 평가받는 다섯 살 위의 누이 허난설헌이 있었다. 난설헌은 일곱 살 때부터 시를 훌륭하게 지어 소문이 났으며 '여자 신동'으로 불렸다.

허균이 태어난 곳은 외가인 강릉이다. 그 동네에는 조그마한 야산이 있었는데 마치 이무기가 기어가듯 꾸불꾸불한 모양을 이루고 있다고 해서 '교산(蛟山)'이라 불렸다. 허균은 이 산의 이름을 가져와서 자신의 호를 '교산'이라 했다.

열두 살 때 아버지를 여의고 편모슬하에서 자라면서 난설헌과 함께 중형의 벗인 이달의 문하에서 공부했다. 이달은 최경창·백광훈과 함께 조선 중기 '삼당시인(三唐詩人)'으로 꼽힐 만큼 시재가 뛰어났지만 서자라는 신분의 제약을 받을 수밖에 없었다.

허균은 명문가 출신으로 뛰어난 학문적 자질을 발휘했지만 그에 대한 당대의 평가는 철저히 부정적이었다. 그에게 내려진 실록(광해군일기)의 평가는 당시 조선 사회에서 허균이 얼마나 기피 인물로 낙인찍혔는지를 여실히 보여준다.

"그는 천지간의 한 괴물입니다. ……중략…… 그 몸뚱이를 수레에 매달아 찢어 죽여도 시원치 않고 그 고기를 찢어 먹어도 분이 풀리지 않을 것입니다. ……중략…… 그가 일생에 해온 일을 보면 악이란 악은 모두 갖추어져 있습니다."

허균에게 이렇게 부정적인 평가가 내려진 것은 그의 학문과 사상이 당시의 주류 흐름인 주자 성리학과 많은 차이를 보였기 때문이다. 또 직선적인 성격과 기생들과도 거리낌 없이 어울리던 자유분방한 기질 역시 조신한 선비의 모습을 지키고 싶어하는 다른 학자들의 반발을 샀을 것이다.

허균의 학문에서 가장 특징적인 것은 당시 대부분의 학자들과는 달리 성리학뿐만 아니라 불교·도교·서학(천주교)에까지 깊은 관심을 보였다는 점이다. 『어우야담』에는 "허균이 고서를 전송(傳誦)하는 것을 들었는데 유·불·도 삼가의 책을 닥치는 대로 시원하게 외워 내니 아무도 그를 당할 수 없었다."고 기록되어 있다.

허균의 논설문인 「호민론」은 특히 그의 민중지향 사상이 함축되어 있는 대표적인 글이다. 허균은 이 글에서 "천하에 두려워할 바는 백성뿐이다."라고 전제한 후 백성을 호민(豪民)·원민(怨民)·항민(恒民)으로 나누었다. 항민은 '무식하고 천하며, 자신의 권리나 이익을 주장할 의식이 없는 백성'을 말하며, 원민은 '정치가에게 피해를 입고서도 원망만 할 뿐 스스로 행동에 옮기지 못하는 백성'으로 나약한 지식인을 뜻한다. 이와 달리 호민은 '자신이 받는 부당한 대우와 사회 모순에 과감하게 대응하는 백성'을 뜻하며, 시대의 사명을 인식하고 현실에 적극적으로 나서는 인물이다.

「호민론」은 '국왕은 백성을 위해 존재하는 것이지, 백성 위에 군림하지 않는다'는 사실을 무엇보다 강조하여 백성의 위대한 힘을 자각시키고 있다. 허균의 이러한 주장들은 당시로서는 매우 혁명적인 것이었다. 허균이 결국 역모 혐의로 생애를 마감할 수밖에 없었던 것은 당시 사회에서는 결코 용납되지 못할 그의 자유분방한 기질과 혁명적 사상 때문이었다.

허균은 그의 문집 『성소부부고(惺所覆瓿藁)』를 자신이 편찬했고 죽기 전에 외손에게 전했다. 그가 25세 때 쓴 시평론집 『학산초담(鶴山樵談)』은 『성소부부고』에 함께 실려 있는 「성수시화(惺叟詩話)」와 함께 그의 시 비평 안목을 보여주는 좋은 자료가 되고 있다.

반대파도 인정하는 그의 감식안은 시선집 『국조시산(國朝詩刪)』을 통해 오늘날까지도 높이 평가받고 있다. 그의 소설 『홍길동전(洪吉童傳)』은 사회모순을 비판한 조선시대의 대표적 걸작이다. 전국 명물 토산품과 별미 음식을 소개한 『도문대작(屠門大爵)』도 그의 작품이다. 이밖에 『고시선(古詩選)』, 『당시선(唐詩選)』, 『송오가시초(宋五家詩抄)』, 『명사가시선(明四家詩選)』, 『사체성당(四體盛唐)』 등의 시선집을 남겼으나 현재는 전해지지 않는다.

4

박신과 홍장

: 순찰사와 기생의 즐거운 경포호 사랑놀이

한송정(寒松亭) 달 밝은 밤 경포대 물결은 잔잔하고
유신(有信)한 백구(白鷗)는 오락가락하건마는
어찌된 것인가 우리 왕손(王孫)은 가서 돌아오지 않으니

고려 말 조선 초의 문신인 박신(1362~1444)과 사랑을 나누었던 강릉 기생 홍장(紅粧)이 남긴
시조다. 물결은 잔잔하고 갈매기가 오락가락하며 날아다니는 경포대 풍경을 보면서, 떠나
간 후 다시 돌아오지 않는 임을 그리는 마음이 잘 나타나 있다. 박신과 홍장의 사랑 이야
기는 서거정의 『동인시화』, 이능화의 『조선해어화사』 등에 전해오고 있다.

첫눈에 반한 두 사람

박신은 젊어서부터 명망이 있었다. 그가 강원도안렴사가 되어 강릉을 순찰할 때 홍장이라는 기생이 절세미인이라는 소문을 듣고 그녀를 찾아 갔다. 과연 소문대로 절세가인이라 첫눈에 홍장에게 반해 그녀를 좋아하게 되었다. 홍장도 풍류를 아는 박신을 본 순간 반해버렸다. 두 사람은 서로에게 빠져들었고, 강릉에 있는 동안 꿈같은 시간을 보내며 깊은 정을 나누었다.

며칠 후 박신은 다른 지역을 순시하기 위해 홍장과 헤어져야 했다. 박신은 다른 지역을 돌며 공무를 처리하면서도 홍장만을 생각했다. 순시를 마치고 다시 강릉으로 돌아온 박신은 여장을 풀자마자 홍장의 집을 찾았으나 홍장의 모습이 보이지 않았다.

당시 강릉부사는 박신과 친분이 있는 석간(石磵) 조운흘(1332~1404)이었다. 조운흘(趙云仡)은 고려 말 조선 초의 문신으로 전라·서해(西海)·양광(楊廣)의 삼도안렴사(三道按廉使)를 지냈다. 1390년에는 계림부윤(鷄林府尹)이 되었으며, 1392년 조선 개국 후에 강릉부사에 임명됐다.

조운흘은 박신이 돌아왔다는 말을 듣고 그를 찾아갔으나 홍장의 안부만 물었다. 그래서 골려줄 생각으로 홍장을 빼돌리고는, 밤낮으로 박신만을 생각하다 죽었다고 전했다. 이 말을 들은 박신은 너무 실망하며 슬픈 마음을 가누지 못했다. 홍장이 죽었다지만 박신은 그리워하는 마음을 그칠 수 없었고 아파 누울 정도가 되었다. 너무나 상심한 박신은 며칠 만에 몸까지 수척해졌고 마침내 강릉을 떠나야 할 날이 다가왔다. 측은한 생각이 든 조운흘은 관동에서 풍광이 제일인 경포대에 박신을 초청해 뱃놀이를 하기로 했다.

남몰래 홍장에게 특별히 아름답게 치장하라 하고, 별도로 놀잇배를 준비하라고 시켰다. 그리고는 눈썹과 머리가 흰 늙은 아전 한 사람을 뽑아 의관을 갖추고 도포를 입혀 그 모습이 마치 처용처럼 보이게 만들었다. 또 홍장을 실은 배에 다음과 같은 시를 적은 현판을 걸게 했다.

신라 태평성대 신선 안상은	新羅聖代老安祥
천년의 풍류를 아직까지 잊지 못하네	千載風流尙未忘
안렴사가 경포호에 노닌다는 말 듣고	聞設使華遊鏡浦
목란주에 차마 홍장을 태우지 못하였네	蘭舟聊復載紅粧

▲ 박신과 홍장이 뱃놀이를 했던 강릉 경포호

선녀로 변한 홍장을 보며

준비를 마친 조운흘은 박신에게 "달이 뜬 밤에는 천상의 선녀들이 내려온다는데 홍장도 내려올지 모른다."며 경포호에 달구경을 가자고 청했다. 홍장에게 넋을 빼앗긴 박신은 귀가 솔깃해져 조운흘을 따라 나섰다. 호수에 배를 띄우고 술잔을 기울이며 달구경을 하는데, 갑자기 안개가 끼더니 미묘한 향기가 나며 퉁소 소리가 노랫소리와 함께 은은히 들려왔다. 조운흘이 박신에게 말했다.

"이곳에는 예부터 신라의 유적이 있다네. 산꼭대기에는 차를 끓이던 다조(茶竈)가 있고, 수십 리 떨어진 곳에는 한송정이 있는데 그 정자에는 사선비(四仙碑)가 있네."

박신은 "그것은 나도 일찍이 알고 있는 일입니다."고 말하면서 넋을 놓고 앞을 바라보고 있기만 했다.

조운흘은 이어 "그런데 지금도 그 정자와 사선비 사이로 신선들이 가끔 왕래하며 노니는데, 꽃피는 아침이나 달 밝은 밤이면 사람들이 그들을 볼 수 있다고 하네. 그런데 바라만 볼 수 있을 뿐 가까이 갈 수는 없다던가. 어떻든 저기 어렴풋이 보이는 배는 신선들이 탄 배인 것 같군."이라고 말했다. 곧이어 특별히 화려한 배가 순풍을 타고 눈 깜짝할 사이에 바로 앞에 다다랐다.

배 위에는 백발의 노인이 선관우의(仙冠羽衣)를 입고 단정히 앉아 있었고, 그 앞에는 푸른 옷을 입은 동자와 화관을 쓰고 푸른 소매를 두른 선녀가 있었다. 박신이 보니 그 선녀가 홍장 같았다. 박신은 뱃머리에 나와 선관에게 절을 하니 선관이 말하길 "이 선녀는 옥황상제의 시녀인데 죄를 짓고 인간 세상에 와 살게 되었다. 이제 속죄의 날이 다 되어 곧 올라가려고 하는데 박신과의 연분으로 오늘밤 이곳에 오게 되었다."고 하였다.

선관의 말을 듣고 선녀에게 가보니 틀림없는 홍장이라 손을 잡고 눈물을 흘리니 홍장도 그리던 임을 만나 기뻐하였다. 박신은 선관 앞에 가 무릎을 꿇고 홍장과 하루만 인연을 더 맺기를 원했다. 뜻밖에 선관이 선뜻 허락하기에 박신은 홍장과 객사로 돌아왔다.

그날 밤 박신은 홍장과 쌓였던 정을 풀기에도 너무 짧은 밤을 뜬 눈으로 지새우게 되었다. 그러다가 새벽에 잠깐 잠이 들었는데, 인기척에 눈을 뜨니 천상으로 간 줄 알았던 홍장이 옆에서 곤히 자고 있었다. 이때 조운흘이 문을 열고 들어왔다. 그제서야 박신은 조운흘에게 속은 줄 알고 웃었다.

이 이야기에 나오는 '사선(四仙)'은 신라시대 화랑으로 알려진 술랑(述郎)·남랑(南郎)·영랑(永郎)·안상(安詳) 네 사람을 말한다. 『해동고승전(海東高僧傳)』에는 "신라 역대의 화랑도 가운데 사선이 가장 현명하였다.(四仙最賢)"라는 구절이, 『파한집』에는 "3천여 명의 화랑 중에서 사선문도가 가장 번성하였다."는 구절이 있다.

그들은 자주 강원도 지역으로 놀러 다녀 많은 유적을 남겼다. 고성 해변에 그들이 3일을 놀고 간 삼일포(三日浦)가 있고, 통천에는 사선봉(四仙峰)과 총석정(叢石亭), 간성(杆城)에는 선유담(仙遊潭)과 영랑호, 금강산에는 영랑봉(永郎峰), 강릉에는 한송정(寒松亭)이 있다. 특히 한송정에는 이들과 관련된 다천(茶泉)·돌아궁이·돌절구가 있는데, 모두 사선이 놀던 곳이다.

▲ 박신과 홍장의 이야기를 소재로 한 조형물 거리

『파한집』을 남긴 이인로는 아래와 같은 시를 남기고 있다. 삼신산(三神山)은 중국 전설에 나오는 봉래산·방장산·영주산을 말한다.

사선은 신라의 나그네	四仙羅代客
대낮에 신선되어 하늘로 올랐네	白日化飛昇
천 년 전 남긴 자취를 따라가 보니	千載追遺蹟
삼신산에는 약초만 여전하네	三山藥可仍

박신은 후일 「관동에 부치는 시(寄關東)」라는
시를 지어 조운흘에게 보냈다.

젊었을 때 관동의 안렴사되어 갔는데
少年時節按關東

경포호 맑은 놀이 꿈속에 아련하네
鏡浦淸遊入夢中

포대 밑에 아름답게 꾸민 배는 또 뜨겠지만
臺下蘭舟思又泛

홍장은 이 몸 보고 늙었다고 비웃겠지
却嫌紅粉笑衰翁

1년 후 여름에 박신이 순찰사가 되어 다시 강
릉에 들르게 되었다. 홍장의 굳은 절개를 알고 있
던 박신은 그녀를 한양으로 데리고 올라가 부실
(副室:첩)로 삼았다. 경포호 호숫가에는 방해정(放
海亭)이란 정자가 있고 그 정자 근처 호숫가에 바
위가 있는데, '홍장암'이라고 불리며 한자로 '홍
장암(紅粧嵒)'이라는 글씨가 새겨져 있다. 홍장이
경포대에 놀러오면 반드시 그 바위 위에서 놀았
기 때문에 후세 사람들이 그렇게 부르는 것이다.
홍장암 주변에는 박신과 홍장의 이야기를 담은

▲ 홍장이 경포대에 나올 때면 올라 놀았다는 바위인 홍장암. 후세 사람들이 그렇게 불렀는데,
한자로 '紅粧嵒(홍장암)'이라 새겨져 있다.

조각상들이 세워져 있다.

〈박신은〉

박신(1362~1444)은 고려 말 조선 초의 문신이다. 호는 설봉(雪峰)이고, 정몽주의 제자다.

1385년 문과에 급제하고 여러 관직을 거쳐 사헌규정(司憲糾正)이 되었다. 1392년(태조 즉위년)에 원종공신(原從功臣)에 책록되고 봉상시소경(奉常寺少卿)이 되었다. 그리고 사헌시사(司憲侍史), 교주강릉도안렴사(交州江陵道按廉使) 등을 역임하였다.

1403년 광주목사를 지냈고, 1404년에는 개성유후(開城留後)·승녕부부윤(承寧府府尹)이 되었다. 11월에는 참지의정부사로서 사은사가 되어 명나라에 다녀왔다. 1405년 노비변정도감(奴婢辨正都監)의 제조(提調)에다 다시 대사헌이 되었으나, 대사헌으로서 '전후가 맞지 않는 계문(啓聞)을 올렸다'는 이유로 사간원의 탄핵을 받아 순군사(巡軍司)에 하옥되었다. 그리고 아주(牙州)로 귀양을 갔다.

1406년 귀양에서 풀려난 후 다시 동북면도순문찰리사(東北面都巡問察理使)로 기용되자 경성·경원에 무역소를 설치하자고 상소했다. 1407년 참지의정부사로 기용되어 세자가 정조사(正朝使)로 명나라에 갈 때 요동까지 호종하고 돌아와 공조판서에 올랐다.

1408년 서북면도순문찰리사 겸 평양부윤이 되었다. 1410년 다시 지의

▲ 흥장암 근처에 세워 놓은 '박신과 흥장' 조형물

정부사(知議政府事)로 기용되었으며, 이듬해 노비변정도감을 두었을 때 호조판서로서 제조가 되었다. 그 뒤 호조판서, 병조판서, 의정부찬성, 이조판서 등을 차례로 역임하였다.

1418년 봉숭도감(封崇都監)의 제조가 되고, 이어서 선공감 제조가 되었으나 선공감 관리의 부정으로 통진현에 유배되었다가 12년 만에 소환되었으며, 1444년에 별세했다. 시호는 혜숙(惠肅)이다.

5

강혼과 은대선

: 하룻밤 인연으로 평생을 그리워하는 먹먹한 사랑

부상 역관에서 하룻밤 즐기는데
나그네는 이불도 없고 촛불은 다 타가네
십이 무산 새벽꿈에 어른거리고
역루의 봄밤이 추운 줄도 몰랐네

목계(木溪) 강혼(1464~1519)은 조선 중기 문신으로 김종직(金宗直)의 문인(門人)이다. 시문(詩文)에 뛰어났다. 이 시는 강혼이 자신이 사랑한 기생 은대선(銀臺仙)을 노래한 작품 중 하나다. 강혼은 성산(星山: 성주의 옛 이름)에 머물 때 그곳 기생 은대선을 사랑하게 되었다. 어숙권(魚叔權)의 『패관잡기(稗官雜記)』에 실려 전하는 내용을 토대로 강혼과 은대선의 사랑 이야기를 정리한다.

천상의 선녀 자태에 옥설 같은 살결

목계 강혼은 일찍이 영남에 가서 성산 기생 은대선을 사랑했다. 돌아올 때 부상역(扶桑驛)에 이르자 숙박을 해야 했다. 김천시 남면 부상리에 있었던 부상역은 성주에서 김천 가는 길의 금오산 자락에 있었다. 교통 요충지에 위치한 부상역은 관리들이 부임지를 오가거나 순시하면서 들러 많은 일화와 시를 남긴 곳이다.

그런데 앞선 일행이 이미 침구를 가지고 나가버려서 강혼은 기생과 함께 이불도 없이 역사에서 하룻밤을 자게 되었다. 그때 강혼은 기생에게 「정성주기(呈星州妓)」라는 시를 지어 주었다.

부상 역관에서 하룻밤 즐기는데	扶桑館裏一場驩
나그네는 이불도 없고 촛불은 다 타가네	宿客無衾燭燼殘
십이 무산 새벽꿈에 어른거리고	十二巫山迷曉夢
역루의 봄밤이 추운 줄도 몰랐네	驛樓春夜不知寒
천상의 선녀 자태에 옥설 같은 살결	姑射仙姿玉雪肌
이른 새벽 금거울 앞에 앉아 눈썹을 그리네	曉窓金鏡畵蛾眉
아침 술에 반쯤 취한 발그레한 얼굴에	卯酒半酣紅入面
봄바람 솔솔 불어 검은 머리 흩날리네	東風吹鬢綠參差
헝클어진 머리 빗고 다락에 기대어	雲鬟梳罷倚高樓

피리 부는 손가락 옥같이 부드럽네 　　　　　鐵笛橫吹玉指柔

만리타향 외롭게 뜬 달 바라보니 　　　　　萬里關山一輪月

두어 줄기 눈물이 이주에 떨어지네 　　　　　數行淸淚落伊州

'이주(伊州)'는 고사가 있는 말이다. 당나라 범중윤이 이천(伊川)의 영(令)
으로 있으면서 오래도록 돌아오지 않자 그 아내가 가사를 지어 보냈는데,
그것을 '이주령(伊州令)'이라 불렀다. 나중에 이주(伊州)란 말은 멀리 떠난
남정을 그리워하는 마음을 뜻하는 의미로 사용되게 되었다.

　그 후 강혼은 상주에 이르러 사랑하는 은대선과 헤어졌다. 강혼은 문
경 새재(鳥嶺)를 넘어 잠시 쉬다가, 한양 도성에서 고향으로 돌아가는 여
(呂)씨 성을 가진 성산(성주) 서생을 만났다. 강혼이 서생과 함께 술을 마시
면서 은대선 생각이 다시 간절해지자 필묵을 들었다.

　"나와 낭자는 본래 모르는 사이지만 신의 도움으로 천 리 밖에서 사귀
었으니, 어쩌면 오래된 인연이 있다고 하겠구나. 상산(商山: 상주의 옛 이름)에
서 이별한 뒤에 땅거미 질 무렵에 깊은 골짜기에 다다르니, 빈 집은 고요하
고 쓸쓸하며 낙숫물 소리는 처량도 했다. 등잔불을 돋우고 홀로 앉아 있으
니 외로운 그림자가 이리저리 흔들리는데, 이때의 심정이야말로 이루 다 말
할 수가 없었도다. 이튿날 아침에 재를 넘는데 시냇물은 졸졸 흐르고 산새
들은 지저귀니 애간장이 녹아 마음을 가눌 수가 없었구나. 낭자의 피리 소
리 듣고 싶건만 들을 수가 있겠는가."

이런 내용의 편지를 써서 서생 편으로 은대선에게 전했다. 은대선은 강혼의 시와 이 편지를 가지고 병풍을 만들었다. 강혼은 글씨를 잘 썼으므로 취중에 쓴 글씨라도 자획이 조화를 이루어 그 기세가 용과 뱀이 움직이는 것 같았다. 남쪽으로 내려가는 선비로서 성주를 지나가는 이들은 그 병풍을 구경하지 않은 자가 없었다 한다.

▼ 강혼 묘(진주시 진성면 동산리)

강혼이 세상을 떠난 후 퇴계 이황 제자인 송계(松溪) 권응인이 훗날 은대선을 한 번 만났다. 그때 은대선은 이미 여든이 넘었다. 은대선이 말하라기를 "'검은 머리 흩날리다'가 이제는 '흰머리 흩날리네'로 변했습니다."고 하면서 하염없이 눈물을 흘렸다고 한다. 강혼이 자기에게 써준 시를 생각하면서 눈물을 흘린 것이다.

〈강혼은〉

목계(木溪) 강혼(1464~1519)은 진주에서 태어났다. 자는 사호(士浩), 호는 목계(木溪)이다. 김종직의 문인으로 1483년에 생원시에 장원을 하고, 3년 후에 식년문과(式年文科)에 급제했다. 이후 홍문관, 춘추관 등에서 벼슬을 했다.

1498년 무오사화 때 김종직의 문인이라 하여 유배되었다가 얼마 뒤 풀려나 문장과 시로써 연산군의 총애를 받아 도승지가 되었다. 영의정 유순의 주선으로 반정(反正)에 참여하게 되어 그 공으로 병충분의정국공신(秉忠奮義靖國功臣) 3등에 진천군(晉川君)으로 봉해졌다. 그 뒤 대제학, 공조판서 등을 지냈고, 1512년에 한성부 판윤이 되었으며, 뒤이어 우찬성 판중추부사를 역임하였다.

시호는 문간(文簡)이다. 시문(詩文)에 뛰어났으며, 문집 『목계일고(木溪逸藁)』를 남겼다. 『조선왕조실록(중종)』에 그에 대한 대목이 있다.

"사신은 논한다. 혹은 젊어서 문장으로 이름이 널리 알려지고 폐주(연산군)를 섬기며 벼슬이 높은 품계에 올랐는데, 반정한 이래 걸핏하면 물의를 일으키게 되어 오래도록 그 시대에 뜻을 얻지 못하다가 벼슬을 그만두고 돌아와 노모를 봉양했다. 평소에 술과 여자를 좋아하여 등창이 났다. 낫기는 했으나 마침내 그 때문에 죽었다."

▲ 강혼 묘 앞에 있는 강혼 신도비

6

강혼과 진주 관기

: 수청 들러 가는 애인의 소매에 남긴 선비의 사랑 노래

호방한 기질에다 시문에 능했던 강혼은 진주 관기와의 사랑 이야기도 남기고 있다.

강혼은 젊은 시절 한때 아리따운 관기와 깊은 사랑에 빠졌는데, 공교롭게도 진주목사가 부임해 왔다. 새로 온 목사가 기생들을 일일이 점고하는데 강혼의 연인인 기생이 목사의 눈에 들어 수청을 들게 되었다. 강혼은 사랑하는 기생을 속절없이 빼앗기게 되었으나 관기였기에 어쩔 도리가 없었다.

강혼은 북받쳐 오르는 분함과 연정을 주체할 수 없어 수청을 들러 가는 기생의 소맷자락을 부여잡고 한 수의 시를 소매에 써주었다. 강혼의 행동에 놀란 기생은 미처 저고리를 갈아입을 생각도 못 하고 엉겁결에 신관 목사의 방으로 들어갔다.

쫓기듯 들어서는 기생의 소맷자락에 쓰인 시를 발견한 목사는 그 연유를 물었다. 시를 써준 사람이 누구냐고 다그쳐 묻자 밝히지 않을 수 없었고, 목사는 급기야 강혼을 잡아들이라 명령했다.

강혼이 붙들려 왔다. 수청 기녀는 말할 것도 없고 아전들까지 큰 변이 났다며 몸 둘 바를 몰라 했다. 그런데 사또가 뜻밖의 언행을 보였다. 주안상을 준비하게 한 뒤 백면서생 강혼을 따뜻하게 맞아들이는 것이 아닌가. 목사는 기생의 소맷자락에 쓰인 시를 보고 그의 글재주와 호기에 끌려 한잔 술을 나누고 싶었고, 또 어쩔 수 없이 수청을 들 뻔한 기생도 되돌려주려는 생각에 불렀던 것이다.

이와 관련한 기록이 그의 문집에도 있다. 강혼의 후손이 쓴 『가장(家狀)』에 다음과 같은 내용이 있다.

▲ 신윤복의 작품 「주유청강」. 선비들이 기생들과 어울려 봄 풍류를 즐기고 있는 풍경이다.

"그 후 목사가 진주에 부임을 해서 좋아하는 기생에게 수청을 들라 하
니 장난삼아 시 한 편을 기생의 옷에 써주었다. 목사가 보고 크게 놀라 실
용적인 학문을 권하였다."
其後方伯入本州以所眄妓薦枕卽戲題一絶於妓 方伯見之大異遂勸
以實學

강혼이 이때 기생의 소매에 써준 시 역시 「증주기(贈州妓)」라는 제목으
로 문집에 실려 있다. 사랑하는 기생이 마음속으로는 자기를 좋아하지만

목사의 권세에 못 이겨 억지로 수청 들러 가는 것으로 생각하고, 이 시를
기생의 소매에 써준 것이다.

목사는 삼군을 통솔하는 장군 같은데	高牙大纛三軍帥
나는 한낱 글 읽는 선비에 불과하네	黃卷靑燈一布衣
마음속에는 좋고 싫음이 분명할 텐데	方寸分明涇渭在
몸단장은 진정 누구를 위해 할까	不知丹粉爲誰施

이 시에는 "진양지에 이르기를, 판서 강혼이 젊은 시절 관기를 좋아했
는데 방백이 부임하여 수청을 들게 하니 공이 시 한 수를 지어 기생의 소
매에 써주었다. 방백이 보고 누가 지었는지 물었다. 기생이 공이 지었다고
대답하자 불러 크게 칭찬하고 과거공부를 권하였으며, 마침내 문장으로
이름이 드러났다."라는 주(註)를 달아놓았다.

나에게
살송곳 있으니

3부

1

정철과 진옥

: 해학으로 충만한 말년의 사랑

옥이 옥이라커늘 번옥(燔玉)으로만 여겼더니

이제야 보아하니 진옥(眞玉)일시 적실(的實)하다

나에게 살송곳 있으니 뚫어볼까 하노라

가사 문학의 대가인 송강(松江) 정철(1536~1593)이 유배 시절 울분과 실의를 달래며 지내던 당시, 기생 진옥(眞玉)과 시를 주고받을 때 진옥을 앞에 놓고 읊은 시다. 노재상(老宰相) 정철이 진옥과 이 절창(絶唱)을 주고받은 곳은 정철의 유배지였다.

1591년 정철은 세자책봉 문제로 왕의 노여움을 사 함경도 명천(明川)으로 유배되었다. 다시 진주로 유배지를 옮기라는 명령이 떨어졌는데, 여러 대신들이 먼 변방에 유배시키기를 청원해 다시 국경 근처인 함경도 강계(江界)로 귀양을 가게 되었다.

정철의 이 강계 유배는 기생 진옥과의 사연을 낳게 된다. 강계 유배지에서 생활할 때 만난 아리따운 여인이 바로 말년의 쓸쓸함을 위로해준 진옥이다. 무명의 강계 기녀인 진옥은 파란 많은 인생을 살다간 송강 정철로 인해 이 시대까지 기억되는 여인이 되었다.

유배지에서 만난 두 사람

강계 유배 시절, 정철이 어느 날 홀로 쉬고 있을 때 조심스럽게 문을 두드리는 소리가 들렸다. 정철이 들어오라 하니 문이 열리며 한 여인이 소리 없이 들어섰다. 진옥이었다. 화용월태의 모습 덕분에 방이 밝아지는 듯했다.

"죄송하옵니다. 이렇게 불쑥 찾아온 무례를 용서해 주옵소서."

"괜찮다. 그런데 너는 누구냐?"

"예, 소첩은 기녀 진옥이라 하옵니다."

"이 밤중에 어쩐 일인고?"

"예, 대감의 명성을 들어 잘 알고 있으며 더욱이 대감의 글을 흠모해 왔습니다. 그래서 뵙고 싶어 이렇게 찾아왔습니다."

"내 글을 읽었다니 무엇을 읽었는가?"

"제가 거문고를 타 올릴까요?"

"그래, 들어보자."

세상에 살면서도 세상을 모르겠고	居世不知世
하늘 밑에 살면서도 하늘 보기 어렵구나	戴天難見天
내 마음 아는 것은 오직 백발 너뿐인데	知心惟白髮
나를 따라 또 한 해 세월을 넘는구나	隨我又經年

정철은 놀랐다. 세월과 삶의 무상함을 읊은 자신의 노래를 타고 있지 않은가. 진옥의 아름다움에 놀랐고, 또 자신의 시를 알고 있는 진옥을 보

며 두 번째로 놀랐다. 정말 뜻밖의 일이었다. 그날부터 외롭고 쓸쓸하고 괴로웠던 정철의 유배지 생활은 달라졌다. 마음이 울적할 때면 진옥의 샘솟는 기지와 해학이 넘치는 이야기를 들으며 시름을 잊게 되었고, 그녀의 거문고나 가야금의 선율을 들으며 마음을 달랠 수 있었다. 진옥은 시와 가무에 능함은 물론 슬기롭고 아름다운 여인이었다. 이런 진옥을 어찌 사랑하지 않을 수 있었겠는가.

나에게 골풀무 있으니 녹여볼까 하노라

어느 날, 두 사람이 술상을 마주하고 앉았다. 정철이 "진옥아, 내가 시 한 수 읊을 테니 그 노래에 화답해야 한다."고 했다. 진옥은 망설이지 않고 대답했다. "예, 그렇게 하겠습니다." 정철은 다시 "지체해서는 안 되고 내가 마친 후 바로 화답해야 하느니라." 하며 거문고 줄을 고르고 목청을 가다듬었다.

옥(玉)이 옥이라커늘 번옥(燔玉)으로만 여겼더니
이제야 보아하니 진옥(眞玉)일시 적실(的實)하다
나에게 살송곳 있으니 뚫어볼까 하노라

정철의 노래가 끝나자 거문고에 손을 올린 채로 진옥은 지체 없이 답가를 불렀다.

철(鐵)이 철이라커늘 섭철(鑷鐵)로만 여겼더니
이제야 보아하니 정철(正鐵)일시 분명하다
나에게 골풀무 있으니 녹여볼까 하노라

정철은 놀랐다. 진옥의 즉석 화답은 당대의 대문장가 정철을 탄복시키고도 남았다. 두 사람 모두 은유적인 표현이 기발하다. 번옥(燔玉)은 돌가루로 구어 만든 가짜 옥이다. 진옥(眞玉)은 진짜 옥이다. 기녀 진옥을 일러 가짜 옥이 아니라 진짜 옥이라고 표현한 것이다. '살송곳'은 '살(肉)송곳'으로 남자의 성기를 은유하고 있다. 그것으로 진옥을 뚫어보겠다고 한 것이다.

진옥은 거기에 맞춰 바로 절묘하게 응대했다. '번옥'에 대해서 '섭철(鑷鐵)', '진옥(眞玉)'에 대해서 '정철(正鐵)', '살송곳'에 대해서 '골풀무'로 답함으로써 기지와 해학을 마음껏 펼쳐 보였다.

섭철(鑷鐵)은 잡것이 섞인 순수하지 못한 쇠를 말하고, 정철(正鐵)은 잡것이 섞이지 않은 순수한 쇠를 뜻하면서 동시에 정철을 가리키고 있다. '골풀무'는 불을 피우기 위해 바람을 일으키는 도구의 하나인데, 남자를 녹여내는 여자의 성기를 은유하고 있는 것이다.

정철은 한양으로 돌아가고

정철은 유배 생활 중 부인 유씨에게 보내는 서신에서도 진옥의 이야기를 있는 그대로 적어 보내기도 하였다. 한편 부인도 서신 속에서 진옥에

▲ 정철 부자의 묘(진천군 문백면 봉죽리). 위쪽이 정철의 묘이고, 아래쪽에는 정철의 둘째 아들이 묻혀 있다.

대한 투기나 남편에 대한 불평보다는 남편의 유배지 생활을 위로해주는 진옥에 대한 고마움을 표현하고 있었다. 불우한 생활을 하는 남편에게 위로를 주고, 남편의 마음을 어루만져주는 여자라면 조금도 나무랄 것이 없다는 부인의 글을 받고 정철은 고마워했고, 그런 내용을 진옥에게도 얘기했다.

진옥 역시 정철의 부인에 대한 깊은 애정과 신뢰는 물론, 유씨 부인이 일개 기녀인 자신을 비하하는 대신 자신에게 투기하지 않고 오히려 정철을 잘 보살펴주기를 부탁하는 너그러움에 감복하여 더욱 알뜰히 정철을 보살피려 노력했다. 한 사람의 남자로서 부인과 자신에 대한 진실하고 솔직한 정철의 처신에 진옥은 더욱 깊은 애정과 존경심을 갖게 된 것이다.

1592년 임진왜란이 일어나고, 정철은 그 해 5월 강계에서의 유배생활에서 풀려나 다시 관로(官路)에 나가게 되었다. 진옥은 기쁘면서도 이별해야 하는 아쉬운 정 때문에 눈물을 흘려야 했다. 정철 역시 유배 생활을 청산하는 기쁨 속에서도 진옥의 일이 마음 아팠다.

부인 유씨는 한양으로 올라온 정철에게 진옥을 데려오도록 권했다. 정철 역시 진옥에게 그 뜻을 물었으나, 진옥은 끝내 거절했고 강계에서 혼자 살면서 짧은 동안의 정철과의 인연을 되새기며 나날을 보냈다고 한다.

정철은 1593년 12월 18일 강화도에서 생을 마쳤다.

〈정철은〉

정철(1536~1593)은 가사문학의 대가이자 문인으로, 서인의 영수 역할을 하기도 했다. 호는 송강(松江)이고, 시호는 문청(文淸)이다.

기대승(奇大升)·김인후(金麟厚)·양응정(梁應鼎)의 문하생이며, 어릴 때 인종의 귀인(貴人)인 맏누이와 계림군 유(瑠)의 부인이 된 둘째 누이 덕분에 궁중에 출입했다. 이때 어린 경원대군(뒤에 明宗)과 친숙해졌

▲ 정철 초상. 정철 사당인 송강사(松江祠·충북 진천군 문백면 봉죽리)에 봉안하고 있는 초상이다.

다. 1545년 을사사화에 계림군이 관련되어 아버지가 유배당할 때 유배지를 따라다녔다.

1551년 부친이 유배에서 풀려 온 가족이 고향인 창평(昌平)으로 이주, 김윤제(金允悌)의 문하가 되어 성산(星山) 기슭의 송강(松江)가에서 10년 동안 수학할 때 기대승 등 당대의 석학들에게 배웠다. 이이(李珥)·성혼(成渾) 등과도 교유했다.

'죽록천'이라고도 불린 송강(松江)은 정철이 유년 시절을 보냈고, 그가 정치적으로 불우한 일을 당할 때마다 안식처가 되어 주었던 전라남도 담양군 봉산면에 있는 강이다. 이 강의 이름을 따서 자신의 호를 지었다. 이때 석천 임억령에게 시를 배우고, 하서 김인후와 면앙정 송순에게 수학했다. 이것이 그의 문학에 큰 길잡이가 되었다.

1561년 진사시에, 이듬해에는 별시문과에 각각 장원으로 급제했다. 1566년 함경도 암행어사를 지낸 뒤 이이와 함께 사가독서(賜暇讀書)했다. 1578년 장악원정(掌樂院正)으로 기용되고, 곧 이어 승지에 올랐다. 정파로는 서인(西人)에 속했다.

1580년 강원도관찰사로 등용되었고, 이후 3년 동안 전라도와 함경도 관찰사를 지내면서 시작품(詩作品)을 많이 남겼다. 이때 「관동별곡(關東別曲)」을 지었고, 또 시조 「훈민가(訓民歌)」 16수를 지어 널리 낭송하게 함으로써 백성들의 교화에 힘쓰기도 하였다. 1585년 관직을 떠나 고향에 돌아가서 4년 동안 작품 활동을 하였다. 이때 「사미인곡(思美人曲)」「속미인곡(續美人曲)」 등 수많은 가사와 단가를 지었다.

1589년 우의정으로 발탁되어 정여립의 모반사건을 다스리게 되자, 서인의 영수로서 철저하게 동인 세력을 추방했다. 다음 해 좌의정에 올랐다. 1591년 동인인 영의정 이산해와 함께 광해군의 책봉을 건의하기로 했다가 이산해의 계략에 빠져 혼자 광해군의 세자 책봉을 건의했다. 이때 선

▲ 송강 정철의 친필. 정철이 아들에게 보낸 편지다.

조는 인빈 김씨에게 빠져 있던 터라 그녀의 소생인 신성군을 책봉하려 했다. 그런 왕의 노여움을 사 정철은 파직되고 유배를 떠나게 되었다. 명천(明川)과 진주(晉州)로 유배되었다가, 이어 강계(江界)로 이배(移配)되었다.

1592년 임진왜란 때 부름을 받아 왕을 의주까지 호종하고, 다음 해 사은사로 명나라에 다녀왔다. 얼마 후 동인들의 모함으로 사직하고 강화의 송정촌(松亭村)에 우거하면서 만년을 보냈다.

가사문학의 대가로서 시조의 고산(孤山) 윤선도와 함께 한국 시가의 쌍벽으로 평가받는 그의 저서로 『송강집』 『송강가사』 등이 있다. 작품으로 가사 4편, 시조 80여 수가 전한다.

정철은 중앙관직에 어울리지 않는 성품을 가지고 있었던 것 같다. 성격도 치밀하지 못했고, 기질이 음흉한 것과는 거리가 멀어 직선적인 데다 성질이 불같고 술을 즐겼다. 더군다나 말을 함부로 하여 정적들에게 공격의 빌미를 제공하는 일도 잦았다. 그래서 그가 중앙관직에 머물던 시절에는 언제나 주변 사람들과 부딪히며 격렬한 논쟁을 일삼는 파당적인 인물로 낙인찍히곤 하였다.

그러나 그가 지방 수령으로 나가게 되면 뛰어난 관리의 역량을 발휘했는데, 지방에서는 타인과 격론을 벌일 이유가 없었기 때문이다. 또한 그는 각 지방의 수려한 자연 경관을 벗삼아 그 속에서 술을 마시고 한량들과 함께 시를 읊는 등 뛰어난 시인적 자질을 마음껏 발휘하기도 했다. 정철은 술을 매우 좋아했다. 친구 정철의 자질과 능력을 몹시 아끼고 사랑했던 율곡 이이는 "제발 술을 끊도록 하고 말을 함부로 하는 버릇을 없애라."고 여러 차례 당부하곤 했다. 널리 알려진 아래 시조는 바로 정철의 작품이다.

재 너머 성권롱 집 술 익단 말 어제 듣고

누운 소 발로 박차 언치 놓아 지즐 타고

아해야 네 권롱 계시냐 정좌수 왔다 하여라

시조에서 '언치'는 '깔개', '지즐'은 '눌러'라는 의미다. 그의 묘는 처음에는 부모와 장남이 묻힌 고양시 덕양구 신원동 송강마을에 있었지만, 1665년에 우암(尤庵) 송시열의 권유로 충북 진천군 문백면 봉죽리 환희산 기슭으로 이장되었다. 그의 묘소 앞에 있는 사당 송강사는 충북기념물 제9호로 지정되어 있다.

송강사에서 묘소로 올라가는 야트막한 야산 기슭에는 「사미인곡」 일부를 새긴 시비가 서 있어 일세의 풍운아 정철의 위대한 풍류정신과 문학정신을 새삼 되새기게 해준다. 석주(石洲) 권필(1569~1612)이 송강 정철의 무덤을 지나며 지은 시 「과송강묘유감(過松江墓遺感)」이다.

▲ 「성산별곡」 등 송강 정철의 가사문학 산실이었던 식영정(전남 담양)

빈산에 잎이 지고 우수수 비 내리니	空山木落雨蕭蕭
재상의 풍류가 이처럼 적막하구나	相國風流此寂寥
슬프다 한 잔 술 다시 권하기 어려우니	惆悵一盃難更進
옛날의 그대 노래가 바로 오늘 아침을 읊은 것인가	昔年歌曲卽今朝

2
정철과 강아

: 철부지 동기 강아, 의기 자미, 보살 소심

봄빛 가득한 동산에 자미화 곱게 피니
그 예쁜 얼굴은 옥비녀보다 곱구나
망루에 올라 장안을 바라보지 마라
거리에 가득한 사람들 모두 네 고움을 사랑하리니

**송강 정철이 강아를 위해 지은 시다. 강아(江娥)는 정철이 1582년 전라도 관찰사로 있을 때
좋아했던 남원의 기생 자미(紫薇)의 다른 이름이다. '강아'는 송강 정철이 동기인 자미를 사
랑하자 사람들이 '송강(松江)'의 '강(江)'자를 따서 부르게 된 이름이다. 정철의 또 다른 사
랑 이야기다. 강아를 진옥과 동일 인물로 보는 이도 있다.**

어린 기생의 마음을 사로잡은 정철

정철이 전라도 관찰사로 있을 때 노기(老妓)의 소개로 당시 동기(童妓)였던 강아를 처음 보게 되었다. 정철은 강아를 만나 머리를 얹어주고 하룻밤을 같이했으나 사랑스런 딸같이 대했을 뿐이었다. 정철은 어리지만 영리한 강아를 매우 귀여워했다. 한가할 때면 강아를 앞혀 놓고 틈틈이 자신이 지은 「사미인곡」을 들려주고 「장진주」 가사를 가르쳐주며 정을 나누었다. 강아는 기백이 넘치고 꼿꼿한 정철에게서 다정한 사랑을 받으며 그를 마음 깊이 사모하기 시작했다.

그러다가 정철이 도승지로 임명받아 10개월 만에 다시 한양으로 떠나게 되었다. 정철이 한양으로 돌아간다는 이야기를 들은 강아는 그를 붙잡을 수도 쫓아갈 수도 없는 자신의 신분과 처지에 낙담한 채 체념의 눈물을 흘릴 뿐이었다. 그러한 강아의 마음을 눈치 챈 정철은 한양으로 떠나면서 작별의 시 「영자미화(詠紫薇花)」를 지어 주며 그녀의 마음을 위로했다.

봄빛 가득한 동산에 자미화 곱게 피니	一園春色紫薇花
그 예쁜 얼굴은 옥비녀보다 곱구나	纔看佳人勝玉釵
망루에 올라 장안을 바라보지 마라	莫向長安樓上望
거리에 가득한 사람들 모두 네 고움을 사랑하리니	滿街爭是戀芳華

강아는 이후 정철을 향한 그리움으로 긴 세월을 보내게 된다. 철부지 어린 나이에 정철을 만나 머리를 얹은 이후로 단 한순간도 그를 잊지 못

했던 강아는 관기 노릇을 하면서도, 언제든 다시 정철을 만나겠다는 열망으로 십년고절(十年苦節)의 세월을 버텨낸다.

10년 후 들려온 소식은 정철이 북녘 끝 강계로 귀양을 갔다는 기막힌 소식이었다. 정철의 귀양소식을 들은 강아는 가만히 앉아 있을 수 없었다. 그녀는 이제야 정철을 만날 수 있다는 희망과 귀양살이를 하는 정철에 대한 안타까움으로 서둘러 행장을 꾸리고 길을 나섰다. 머나 먼 길을 걸어 강계까지 갔으나 정철은 임진왜란이 일어나면서 귀양에서 풀려나 전라도와 충청도 도제찰사로 임명돼 전쟁터로 떠나고 없었다.

강아는 다시 정철을 찾아 남쪽으로 내려오다 왜적에게 붙잡히게 되었다. 그러자 강아는 적장을 유혹해 아군에게 정보를 제공함으로써 전세를 역전시키고 평양을 탈환하는 데 큰 공을 세웠다. 그러나 이 일이 있은 후 더 이상 정철을 섬길 수 없다고 생각하고 머리를 깎고 출가해 여승이 되었다.

소심(素心)이라는 이름으로 수도생활을 하던 강아는 정철이 사망하자 정철의 묘소(경기도 고양시 덕양구 신원동)를 찾아 시묘생활을 하며 여생을 보내다 결국 그 곁에서 죽음을 맞이했다. 나중에 정철의 묘는 충북 진천으로 이장되었으나, 강아의 묘는 그대로 송강 마을에 남아 있다. 오늘날 고양시 덕양구에 위치한 송강 마을에는 송강 정철을 기리는 송강문학관과 더불어 강아의 무덤이 있어 정철과 강아의 이야기를 전하고 있다.

강아의 무덤 앞에 묘비(1998년 10월 건립)가 세워져 있다. 전면은 '의기강아묘(義妓江娥墓)' 다섯 글자가 새겨져 있고, 그 뒷면에는 제목이 '강아(江娥)'인 다음 글이 새겨져 있다.

"송강(松江) 정철이 전라도 관찰사로 재임 시 남원의 동기인 자미(紫薇)를 사랑하자 세상 사람들이 송강(松江)의 강자(江字)를 따서 강아(江娥)라 불렀다. 송강(松江)은 1582년 9월 도승지에 임명되어 강아에게 석별의 시(詩)를 지어주고 임지인 한양으로 떠났다.

(석별의 시 「영자미화」는 생략)

▼ 강아의 묘(고양시 덕양구 신원동). 묘비(1998년) 뒷면에는 정철과 강아의 사연이 새겨져 있다.

    강아는 송강에 대한 연모의 정이 깊어 함경도 강계로 귀양을 가 위리안치 중인 송강을 찾았으나, 임진왜란이 나자 선조대왕의 특명으로 송강은 다시 소환되어 1592년 7월 전라·충청도 지방의 도제찰사로 임명되었다. 강아는 다시 송강을 만나기 위해 홀홀단신으로 적진을 뚫고 남하하다가 적병에게 붙잡히자 의병장 이량(李亮)의 권유로 자기 몸을 조국의 제단에 바치기로 결심하고 적장 소서행장(小西行長)을 유혹, 아군에게 첩보를 제공하여 결국 전세를 역전시켜 평양 탈환의 큰 공을 세웠다고 한다.

    그 후 강아는 소심(素心)보살이란 이름으로 입산수도하다가 고양 신원의 송강 묘소를 찾아 한평생을 마감하였다."

▲ 정철의 「훈민가」 시비(고양시 덕양구 신원동)

조선의 선비들, 사랑에 빠지다

3

심희수와 일타홍

: 기생으로 살았으나 사대부가에 묻힌 헌신적인 사랑

한 떨기 연꽃 버들상여에 실려 있는데	一朶芙蓉載柳車
향기로운 영혼은 어딜 가려고 머뭇거리나	香魂何處去躊躇
금강 가을비에 붉은 명정(銘旌) 젖어드니	錦江秋雨丹旌濕
아마도 고운 우리 임 이별 눈물인가 하노라	應是佳人別淚餘

좌의정까지 지내고 청백리에도 오른 일송(一松) 심희수(1548~1622)가 사랑하던 기생 일타홍(一
朶紅)이 죽자 그녀를 기려 지은 시다. 일타홍은 조선 중기 금산(錦山) 출신으로, 주로 한양에
서 활동한 기생이다.

심희수는 명문가에서 태어났지만 일찍 고아가 되어 공부는 멀리 하고 주색잡기에 빠져 노
는 짓만 일삼았다. 이런 심희수는 일타홍을 만나 그녀의 헌신적인 사랑과 보살핌으로 과거
에 급제하고 청운의 뜻을 이루게 된다.

"도련님의 출세를 위해 몸을 바치겠습니다"

세 살 때 부친을 잃은 심희수는 친구들과 어울려 놀기에 바빴고, 해야할 공부는 뒷전이었다. 어머니가 타일러도 그때뿐이었다. 청소년기가 되어서도 고관들 자제나 왕손(王孫)들과 어울려 놀며 시간을 허비했다. 모습도 봉두난발(蓬頭難髮)에 폐의파립(弊衣破笠)의 몰골이어서 사람들이 모두 미친 강아지 취급을 하기에 이르렀다. 반미치광이처럼 다니는 그를 보면 사람들은 슬슬 피했다. 그렇지만 그는 사람들의 손가락질에도 전혀 아랑곳하지 않았다.

심희수가 여느 때처럼 친구들과 어느 재상 집 향연에서 어울리는데, 한 기녀가 눈에 들어왔다. 수많은 연회에 참석했었지만 그토록 그의 마음을 사로잡는 여인은 없었다. 그 기생은 일타홍(一朶紅)이었다. 충남 금산에서 한양으로 올라왔으며, 나이는 17세 정도였다. 당시 심희수의 나이는 15세쯤 되었을 때다.

일타홍은 미모에다 가무도 뛰어나 그녀의 몸놀림 하나하나, 표정과 눈짓 하나하나가 심희수의 마음을 송두리째 잡아끌었다. 당시 대부분의 기생들은 심희수를 보면 인상을 찌푸리고 피하는데, 일타홍은 심희수의 희롱을 잘 받아주었다. 그리고 일타홍은 심희수에게 어떤 비범함을 느꼈는지 급기야 화장실을 가는 척하며 심희수를 불러내 그의 집이 어딘지 묻고는 나중에 찾아가겠다는 약속까지 했다.

심희수는 크게 기뻐하며 집으로 가서 그녀를 기다렸다. 날이 저물자 그녀는 약속대로 심희수를 찾아왔다. 일타홍은 정식으로 심희수에게 인사를 올린 다음, 안방으로 건너가서 그의 모친에게 자신의 마음과 생각을 털어놓았다.

"소첩은 금산에서 온 기생인데 관상과 길흉화복을 보는 법을 공부하여 대강 알고 있습니다만, 오늘 우연한 기회에 도련님의 관상을 뵙게 되었는데 장차 크게 되실 상이었습니다. 그래서 소첩이 일부러 도련님을 따라 이곳까지 오게 되었습니다. 소첩은 비록 기생이오나 이후 힘 닿는 데까지 도련님의 길잡이가 되고 싶습니다. 본격적인 학문의 길로 들어서도록 하는 밑거름이 되고자 합니다. 도련님이 관상대로 장차 대과에 급제하여 인생 대로에 들어서게 되면 그때 소첩은 미련 없이 떠나겠습니다.

그리고 비록 한 집에 같이 산다 하더라도 서로 통정하지 않고 오직 도련님이 출세하도록 돕는 일에만 몰두하겠습니다. 그에 따른 모든 비용은 소첩이 감당하겠습니다. 허락해주십시오."

심희수 모친은 일타홍의 진심이 느껴져 그 뜻을 받아들이게 된다. 이후 일타홍은 창루(娼樓: 기생 집)에는 발길을 끊고 심 씨 집에 은신, 지니고 있던 패물과 장식품을 하나둘씩 팔아가며 가족의 생계를 이어갔다. 심희수도 마음을 바로잡고 공부하기 시작했다. 한동안 열심히 공부하던 심희수는 간혹 반발하며 말을 듣지 않을 때도 있었다. 그때마다 그녀는 그를 잘 달래고 설득하여 공부를 지속하도록 애를 썼다.

심희수가 혼인할 때가 되어 혼담이 오가게 되었는데, 심희수는 다른 사람과는 한사코 결혼하지 않으려 했다. 이에 일타홍은 엄중히 책하며 심희수에게 말했다.

"명문가의 자제로서 앞길이 구만리 같은데 어찌 저 같은 천기와의 인연을 핑계로 대륜(大倫)을 거스르려 합니까? 저 때문에 이 집이 망치게 되었으니 첩이 이제 떠나야 하겠습니다."

심희수는 일타홍의 간곡한 청에 못 이겨 할 수 없이 정실을 맞아들이게 되었다. 정실부인은 노극신(영의정 노수신의 동생)의 딸 광주 노씨다. 일타홍은 정실부인을 공경하며 섬기기를 노부인에게 하듯이 했다.

"도련님이 분발하도록 제가 떠나겠습니다"

그런데 시간이 흐르면서 심희수는 갈수록 공부와 멀어지기 시작했다. 일타홍의 간섭을 싫어하고 매사에 투덜거렸으며, 아내의 치마폭에 쌓여서 놀기만 했다. 일타홍은 여러 궁리 끝에 극약 처방을 쓰기로 하고, 노부인에게 다음과 같이 선언했다.

"도련님께서 글 싫어하는 뜻이 근일에 들어 더욱 심하니 첩의 정성이 더 이상 소용이 없게 되었습니다. 이제 소첩이 할 수 있는 길은 도련님을 하직하는 것밖에 없습니다. 첩이 비록 이 집을 나가나 어찌 아주 가겠습니까. 만일 대과에 급제하셨다는 소식을 들으면 즉시 달려오겠습니다."

노부인은 그녀의 두 손을 잡으며 말했다.

"네가 내 집에 들어온 덕분에 우리 아이가 다행히 이만큼이라도 학업을 성취하게 되어 얼마나 고마운지 모르겠다. 다 너의 힘이다. 그런 네가 이제 와서 우리 모자를 버리고 가면 어떻게 하느냐?"

일타홍은 일어나 절하면서 다시 말했다.

"첩이 목석이 아니오니 어찌 이별의 괴로움을 알지 못하겠습니까. 도련님을 정신 차리게 하여 과거 급제의 기쁨을 누리게 할 수 있는 길은 오직이 한 가지 방법밖에 없기 때문입니다. 도련님이 과거 급제 후 다시 만날 것을 언약한 저의 이야기를 들으면, 반드시 발분하여 학업에 힘쓸 것입니다. 멀면 6~7년이고 가까우면 4~5년일 것입니다. 첩은 마땅히 몸을 지키며 등과 소식을 기다릴 것입니다. 저의 뜻을 잘 전하여 주십시오."

집을 나온 일타홍은 머물 곳을 찾아 집안이 넉넉해 보이면서도 안주인이 없는 집을 찾아다니다가 어느 나이 많은 재상 댁에 이르렀다. 그 재상에게 "집안사정으로 여생을 의지할 곳이 없어 찾아왔사오니 하인으로 부려 주시면 바느질과 부엌일을 하며 삼가 받들고자 합니다." 하고 간청했다.

재상은 그녀의 단정한 몸가짐과 총명한 재능을 한눈에 알아보고 이를 허락했다. 이날부터 그녀는 그 재상 댁에 들어가 정성을 다한 음식으로 그 식성을 맞추니, 재상은 그녀를 더욱 어여쁘게 여겼다. 하루는 재상이 "내 홀로 된 몸으로 다행히 너 같은 사람을 얻어 의복과 음식이 입에도 맞고 몸에도 딱 맞아 편하기 그지없으니 너에게 의지하는 바가 크다. 나도 네가 사랑스럽고 너도 또한 정성을 다하니 이제부터 부녀의 정을 맺으면 좋겠구나."하고는 그 후부터 친 딸자식처럼 대했다.

한편, 심희수는 집에 돌아와 보니 일타홍이 없기에 이상히 여기고 모친에게 물어보았다. 모친은 그녀가 이별할 때 전한 말을 들려주고는 다음과 같이 말했다.

"네가 학문을 게을리하여 이 지경에 이르렀으니 장차 무슨 면목으로 세상을 대하겠는가. 그 아이가 돌아오고 아니 오는 것은 오직 너의 과거 급제 여부에 달렸으니 네 뜻대로 하거라. 그 아이 심성으로 봐서 빈말이 아닐 것이니, 네가 만일 급제하지 못하면 이 세상에서는 다시 그 아이를 볼 수 없을 것이다. 이제 모든 것은 네가 알아서 해라."

심희수는 할 말이 없었다. 그리고 일타홍을 볼 수 있는 오직 한 가지 방도는 자신이 과거에 급제하는 길 뿐임을 깊이 깨닫게 되었다.

"한 여자에게 버림받게 되었으니 무슨 낯으로 사람을 대하리오. 내가 마땅히 과거에 급제한 후 그녀를 기어이 다시 만나리라."

드디어 스스로 문 밖 출입을 금하고 찾아오는 손님조차 사양하며 불철주야 책상 앞을 떠나지 않고 공부했다. 마침내 1570년 23세 때 진사 시험에 합격하고, 2년 후인 1572년에는 문과 시험에 합격했다.

과거 급제 후 다시 만난 두 사람

심희수는 문과 급제 후 어사화를 머리에 꽂고 어른들을 두루 찾아보고 인사를 드리다가 아버지 친구인 재상 댁에도 이르렀다. 인사를 드린 후 재상과 부친 사이에 얽힌 이야기를 들으며 서로 정을 나눌 때, 안으로부터 주안상이 나왔다. 그것을 본 심희수의 안색이 변했다.

재상은 이상하게 여기며 "음식을 대하고 안색이 변하니 어쩐 일인가." 하고 물었다. 그러자 일타홍과의 인연을 자세히 이야기한 후 "제가 열심히 공부하여 오늘에 이른 것은 오로지 일타홍 덕분입니다. 지금 일타홍의 솜씨인 것 같은 이 음식들을 보니 자연히 슬퍼집니다."

이 말을 들은 재상이 그녀의 나이와 생김새를 물어보고는 "나에게 생긴 양녀가 어디서 온 줄도 몰랐더니 바로 일타홍이구나."라고 말했다. 재상이 그녀를 부르자 한 아름다운 여인이 들어왔다. 여인과 심희수는 서로 보자마자 부둥켜안고 기쁨의 눈물을 흘렸다. 이를 바라보던 재상이 말했다.

"내 늘그막에 다행히 이 아이를 얻어 서로 의지하여 지냈는데, 이제 보내게 되면 나의 양 팔을 잃음과 같을 것이다. 그러나 자네가 사랑함이 이같으니 내 어찌 허락하지 않겠는가. 서로의 신의를 끊지 않기만을 바란다."

심희수는 일어나 감사하고 또 감사하다며 절을 했다. 심희수는 일타홍을 가마에 태우고 희색이 만면한 채 집으로 돌아와 소리쳤다.

"일타홍이 왔습니다."

심희수 모친은 이 소리를 듣고 버선발로 달려 나와 일타홍의 손을 잡고 울며 "꿈이냐 생시냐?" 하고는 기절했다. 주위 사람들이 주물러 정신을 차린 후 마루에 올라 지난 일을 이야기하며 상봉의 기쁨을 나누었다. 세월이 흘러 심희수가 이조(吏曹) 낭청(郎廳)에 있을 때 어느 날 일타홍이 말했다.

"소첩이 그동안 일편단심 정성을 다하여 미력을 보탠 바 서방님께서 드디어 성취하셨습니다. 그러다 보니 어언 10여 년이 지났습니다. 이제 고향 생각이 간절하건만 부모님 안부조차 듣지 못하고 있으니 밤낮으로 한이 맺혀 있습니다. 서방님께서는 이제 능히 하실 수 있는 위치에 계시니, 첩을 위하여 금산군수 자리를 얻으셔서 잠시나마 부모님을 생전에 가까이서 뵈올 수 있게 해주신다면 더 바랄 것이 없겠습니다."

심희수는 "그야 별로 어려운 일이 아니다." 하고 답한 후 임금에게 소를 올려 금산군수로 부임할 수 있었다. 일타홍을 데리고 부임하는 날, 일타홍이 부모의 안부를 알아보니 다 무고했다. 3일 후 일타홍이 관부(官府)에서 주찬(酒饌)을 갖추어 본가에 찾아가 부모님께 인사하고, 일가친척을 모아 잔치도 했다. 비단 옷과 돈도 넉넉히 선물하고는 이렇게 말했다.

"관부는 사사로운 개인 집과 다르며 관가의 식솔은 다른 사람들과 같지 않습니다. 만일 우리 부모형제께서 인연됨을 빙자하여 자주 드나들면 백성들이 손가락질할 것입니다. 제가 이제 관아에 들어가면 다시 나오지 못할 것이고 또 서로 연락하지 못할 것입니다. 먼 서울에 있다 생각하시고 다시는 왕래하지 말아주시기 바랍니다."

이렇게 당부하고 하직한 뒤로는 한 번도 왕래함이 없었다.

"오늘 영원히 이별하고자 합니다"

일타홍이 관아 내에서 지낸 지 반 년쯤 지난 어느 날이다. 일타홍의 하인이 관청으로 찾아와 일타홍이 집으로 들어와 달라 한다는 말을 심희수에게 전했다. 심희수는 마침 긴급한 공무가 있어 즉시 귀가할 수 없었다. 그런데 그 하인이 금방 다시 와서 간청하니 심희수가 이상하게 여기고 시간을 내 안으로 들어가 보았다.

그런데 일타홍이 평소에 입지 않던 좋은 옷차림을 하고 또 특별한 이부자리를 펴 놓고 있었다. 평소 무슨 질병을 앓거나 아픈 데가 없었는데도 불구하고 그녀의 안색이 창백하고 기운이 없어 보였다. 심희수가 자리에 앉자 일타홍이 차분하지만 결연한 어투로 말했다.

"첩이 오늘 서방님과 영원히 이별하고자 합니다. 서방님은 몸을 보중하여 길이 영화를 누리십시오. 결코 첩 생각으로 마음 상하지 말기를 간절히 바랍니다. 다행히 첩의 시신을 나리 선영 근처 아래에라도 묻어주신다면 더 바랄 것이 없겠습니다."

일타홍은 이 말을 끝으로 바로 저 세상으로 갔다. 자결한 것이다. 이때 심희수의 나이 36세이니 일타홍의 나이는 아마도 38세쯤 되었을 것이다.

사실 일타홍은 몸이 쇠약할 대로 쇠약해져서 수명이 얼마 남지 않았음을 느끼고 고향에서 죽고 싶어 금산으로 내려갔었다. 심희수가 관청 일에 바빠 집안일에 등한하다 보니, 일타홍의 건강 상태를 제대로 눈치채지 못하고 있었던 것이다. 심희수는 눈앞이 캄캄하여 어찌할 바를 모르고 그저 울부짖기만 할 뿐이었다. 일타홍의 몰골이 이 지경이 되도록 눈치조차 채지 못하고 무심했던 자신이 너무나 원망스러웠다. 밀려오는 회한이 사무쳐 가슴을 쥐어뜯던 심희수는 이내 혼절하고 말았다.

얼마 후 자리에서 일어난 심희수는 "내가 이곳 금산으로 부임한 것은 다만 일타홍을 위함이었거늘 이제 가고 없으니 내 어찌 홀로 이곳에 있으리오."라고 말하고는 곧 사직을 했다.

심희수가 일타홍의 시신을 상여수레에 싣고 금강나루에 다다랐을 때 마침 봄비가 내렸다. 봄비가 부슬부슬 내려 일타홍의 관을 덮은 붉은 명정이 젖는 모습을 보면서 심희수는 만장시(輓章詩) 한 수를 읊었다.

한 떨기 연꽃은 버들상여에 실려 있는데	一朵芙蓉載柳車
향기로운 영혼은 어딜 가려 머뭇거리나	香魂何處去躕躇
금강 가을비에 붉은 명정(銘旌) 젖어드니	錦江秋雨丹旌濕
아마도 고운 우리 임 이별 눈물인가 하노라	應是佳人別淚餘

한편 일타홍은 저 세상으로 가기 전에 시 한 수를 남겼으니 「달구경(賞月)」이라는 절명시다.

맑고 고요한 초승달 또렷하게 밝고	靜靜新月最分明
한 줄기 달빛은 만고에 맑구나	一片金光萬古淸
넓디넓은 세상에 오늘 밤 저 달을 보며	無限世間今夜望
백년의 즐거움과 슬픔 함께 느끼는 이 몇이나 될까	百年憂樂幾人情

죽어서도 같이 묻힌 두 사람

심희수는 선영(先塋)에 있는, 자신의 묘자리 옆에 일타홍의 시신을 묻어주었다. 기생 출신으로 사대부가의 선영에 묻힌 보기 드문 경우다. 지금도 심씨 가문 후손들이 묘사를 지내주고 있다고 한다.

그 후 심희수는 임진왜란 때 선조 임금을 의주로 호송하고 이조판서가되었고, 또 승진하여 좌의정을 역임했다. 1620년에 판중추부사에 임명되었으나 사임하고 일타홍의 묘택을 지키며 여생을 보내다 1622년에 별세했다. 그의 묘는 고양시 덕양구 원흥동 산89번지에 있고, 고양시 사적 37호로 지정되어 있다. 묘 옆에 1983년에 세워진 '일타홍금산이씨지단(一朶紅錦山李氏之壇)'이라고 써진 비석이 서 있고, 이 비석 뒷면에는 일타홍이 남긴 절명시와 심희수가 일타홍의 죽음을 기려 지은 시가 새겨져 있다.

▼ 심희수 부부 묘(고양시 덕양구 원흥동)

▲ 심희수 묘 옆에 있는 일타홍 제단. '일타홍금산이씨지단(一朶紅錦山李氏之壇)'이라 새겨져 있고,
뒷면에는 일타홍이 남긴 시와 심희수가 일타홍을 위해 지은 만시가 새겨져 있다.

〈심희수는〉

심희수(1548~1622)는 조선 중기의 문신으로, 본관은 청송(靑松)이다. 호
는 일송(一松), 수뢰루인(水雷累人). 노수신(盧守愼)의 문인으로, 1570년 진사
시에 합격하여 성균관에 들어갔다. 이 해에 퇴계 이황이 별세하자 성균관
을 대표하여 장례에 참여하였다. 1572년 별시문과에 병과로 급제하여 승
문원(承文院)에 보임되고 1583년 호당(湖堂)에 뽑혀 사가독서(賜暇讀書)하
였다.

1589년 헌납(獻納)으로 있을 때 정여립(鄭汝立)의 옥사가 확대되는 것을 막으려다 조정과 뜻이 맞지 않아 한때 사임했다가 이듬해 부응교(副應敎)가 되었다. 1591년에는 응교로서 선위사(宣慰使)가 되어 동래에서 일본 사신을 맞았으며, 이어 간관이 되어 여러 차례 직언을 하다 선조의 비위에 거슬려 사성(司成)으로 전직되었다.

1592년 임진왜란 때는 의주로 선조를 호종하여 도승지로 승진하고, 대사헌이 되었다. 때마침 명나라 조사(詔使)가 오자 다시 도승지가 되어 응접했다. 중국어를 잘 했기 때문이다. 같은 해 겨울 형조판서를 거쳐 호조판서가 되어 명나라 군대 송응창(宋應昌)의 접반사(接伴使)로서 오래도록 서도(西道)에 있었으며, 송응창을 설득하여 관서지방의 기민 구제에 진력하였다.

1599년 예문관제학·예조판서를 거쳐 이조판서가 되고, 홍문관·예문관의 대제학을 겸하며 안으로 사명(辭命: 왕명의 전달)을 장악하고 밖으로 외국 사신의 접대에 힘썼다. 좌찬성·우찬성 등을 거쳐 우의정에 올랐으며, 청백리(淸白吏)에 뽑혔다.

1606년 가을 좌의정에 올랐다. 1615년 영돈녕부사(領敦寧府事)로 있을 때 명나라에 사신으로 다녀온 허균과 중국 야사에 나타난 종계문제(宗系問題)로 다투다가 궐외로 축출되고, 이듬해 폐모론이 다시 일자 둔지산(屯之山)에 은거해 『주역』을 읽고 시를 읊으며 자신의 지조를 지켰다.

1620년 판중추부사에 임명되었으나 부임하지 않았다. 문장에 능하고 글씨를 잘 썼다. 저서로 『일송집』이 있다. 상주의 봉암사(鳳巖祠)에 제향되었다. 시호는 문정(文貞)이다.

"그는 사람됨이 깨끗하여 흠이 적었으나 화합하기를 좋아하여 결단성이 부족했다. 두 번 이조판서를 맡는 동안 시속에 아첨한다는 비난을 면하지 못했다. 그러나 스스로 몸가짐이 맑고 간소하였으며, 오직 시와 술로 스스로를 즐기고 좀처럼 집안일을 경영하지 않아 담장이 무너져도 돌보지 않았다. 일찍이 사복시 제조를 겸하고 있었는데, 자신에게 바치는 하인을 끝까지 받지 않았다. 이에 사복시에서는 이 내용을 들보에다 써서 걸어 놓아 그의 맑은 절개를 드러냈다. 선조는 일찍이 그를 염근리(廉謹吏)로 길고하고 홍문관과 예문관의 대제학으로 제수했다."

심희수에 대한 『조선왕조실록』의 기록 중 일부다.

4

박현수와 능소

: 천안 삼거리 능수버들의 사랑 이야기

천안 삼거리는 조선시대 한양에서 경상도와 전라도로 내려가기 위해서는 반드시 거쳐야
하는 요충지였다. 지금도 천안은 서울에서 지방으로, 지방에서 서울로 가는 길목이고 그 상
징이 바로 천안 삼거리다. 북쪽 길은 서울로 향하고, 서울에서 내려오면 오른쪽 길은 호남
으로 향하며, 왼쪽 길은 문경새재로 이어져 경상도를 향한다.

우리나라의 대표적 삼거리인 이 천안 삼거리는 만남과 이별에 얽힌 애달픈 이야기, 능수버
들과 관련된 이야기들이 많이 전한다. 그중에 과객 박현수(朴賢秀)와 처녀 능소(綾紹)의 사연
인 '능소 처녀와 박 선비의 사랑 이야기'가 대표적이다.

어린 딸 능소를 두고 떠난 아버지

조선 선조 때 기축옥사에 연루되어 도망하다 아내를 잃고 일곱 살짜리 딸 능소(綾紹)만 데리고 천안에 흘러들어온 유봉서라는 선비가 있었다. 유봉서는 신분을 숨기고 천안 광덕사 산골짜기로 들어가 나무를 하며 살았다. 몇 년이 지난 뒤 임진왜란이 일어나자 관군 징집령이 내려져 유봉서는 그곳을 떠나게 되었다. 어린 딸과 떨어질 수 없었던 유봉서는 딸을 데리고 천안 삼거리까지 나왔다. 그러나 더 이상 딸을 데리고 갈 수가 없었다.

유봉서는 떠나오면서 지팡이 삼아 꺾어 온 버들가지를 길가에 꽂으며 말했다.

"이 나무가 무성하게 자라면 내가 돌아올 것이다. 그때까지 잘 자라다오."

그리고 며칠 묵었던 주막집 과부 노파에게 능소를 부탁했고, 노파는 영리하고 귀티 나는 능소를 수양딸로 거두었다.

능소는 점점 자라며 뽀얀 피부에 까만 눈썹, 단정한 입매의 기품 있는 처녀 자태를 보였다. 더구나 총명하고 민첩하여 하나를 들으면 열을 알았다. 낮에는 주모 어머니를 도와 일을 하고 밤이면 어려서 아버지께 배운 글로 책을 읽었다. 주막집은 능소의 음식 솜씨와 글 솜씨로 선비들 사이에 소문이 자자하게 되었다. 모두들 묵고 갈 일이 있으면 능소네 주막에서 묵어가려 하였다.

능소가 16세가 되던 해 초겨울의 어느 날, 문을 막 닫으려 할 때 피투성이가 된 선비가 쓰러지듯 들어왔다. 일단 사람을 살려놓고 보자며 방으로 들여 살펴보니, 비록 차림은 남루하나 진흙 속에 묻힌 보석이요, 때를 기다리는 붕새와 같았다. 정신을 차린 선비는 과거보러 가는 길에 도적을 만나 노자를 모두 털리고 몰매를 맞았다는 사연을 털어놓았다.

운명처럼 만난 인연, 애절한 이별

그는 전라도 고부가 고향이며 이름은 박현수라고 했다. 할아버지가 당상관을 지낸 집안의 자손이었다. 그러나 어려서 아버지가 돌아가시고 가세가 기울어 홀어머니와 어렵게 살고 있었다. 그런 가운데서도 과거공부를 해온 박현수는 이듬해에 식년시를 보러 한양으로 가야 하나 노잣돈이 부족하여 고민했는데, 어머니가 노비 문권을 주며 충주로 도망간 노비를 추노하여 오라 하였다. 박현수는 충주에 가서 노비들을 만나 잘 대접받고 후하게 돈도 받았다. 그런데 그만 도적들에게 돈을 모두 털린 것이다.

우선 몸부터 회복하게 해야 해서, 능소는 조용한 방에 박현수를 묵게 하고 탕약을 들이며 살뜰히 보살펴주었다. 한가한 시간에는 읽고 있던 『통감』의 구절을 선비에게 묻기도 했다. 능소는 박 선비의 해박한 지식에 놀랐다. 박 선비는 능소의 언행과 문장, 사려 깊은 마음에 감탄했다. 서로의 존재에 대해 경이로워하며 둘은 사랑에 빠졌고 장래까지 언약했다.

이듬해 봄이 되었다. 몸은 거의 완쾌되었다. 과거시험 날짜에 대어 가려면 박 선비는 이제 한양으로 출발해야만 했다. 능소는 정성껏 지은 옷을 박 선비에게 입히고 엽전꾸러미를 봇짐에 싸 넣어 주며 안타까운 이별을 해야 했다.

이제 헤어지면 또 언제 만난단 말인가. 혹여 아버지처럼 돌아오지 않게 되는 것은 아닐까. 능소는 멀리 박 선비의 모습이 보이지 않을 때까지 바라보며 작별했다.

박 선비도 능소의 치맛자락이 보이지 않을 때까지 돌아보고 또 돌아보다 마음을 다져먹고 앞으로 향했다. 그러나 머릿속은 온통 능소 생각뿐이었다. 길거리의 버드나무 가지에서 우는 꾀꼬리도 능소의 울음소리처럼 들리고 스치는 바람결에도 능소 생각이 나곤 하였다.

한양에 도착하여 숙소를 정하고 지필묵을 사러 다니면서도 박 선비는 능소 생각만 하면 마음이 부풀었다. 하지만 박 선비는 과거에서 낙방하고 말았다. 박 선비는 허탈할 뿐만 아니라 능소를 만날 수 없다는 생각에 정신이 아찔하였다. 고향에 계신 홀어머니와 능소는 북쪽 하늘만 바라보고 있을 것이 아닌가.

박 선비는 선비들이 '과거 공부방'이라고 부르는 북한산의 한 사찰을 찾아가 그곳 주지에게 자신의 처지를 말했다. 주지가 박 선비를 물끄러미 한참 쳐다보더니 뒤쪽 조용한 암자로 안내했다. 그리고 그 곳의 한 선비에게 박 선비를 부탁했다. 박 선비는 임자의 신비를 스승 삼아 자신이 혼자 했던 공부의 약점을 극복하려 노력했다. 밤에는 상투를 천장에 매달아 놓고 책상 앞에는 송곳을 꽂아 놓고 공부했다. 혹여 졸다가 머리를 끄덕이면 송곳에 이마가 찔리어 정신이 버쩍 들곤 하였다.

한편 능소는 박 선비가 떠난 후 더 이상 주막 일을 보지 않기로 했다. 그리고 그동안 이리저리 모아 놓은 돈을 고부 박 선비의 집으로 보내고,

자신은 삼거리 뒤편에 조용한 집을 마련해 살면서 박 선비를 기다리기로 했다. 그러나 돌아올 때가 되어도 박 선비는 돌아오지 않았다. 능소는 하염없이 북쪽을 쳐다보며 하루하루를 보냈다. 박 선비와 버드나무를 운자로 하여 시를 짓던 추억을 떠올리기도 했다. 능소는 아버지가 심은 버드나무 옆으로 버드나무들을 심기 시작했다.

"저 나무가 무성해지면 아버지가 돌아오신다고 하셨지. 이 나무들이 자라면 반드시 낭군님도 돌아오시겠지."

어느덧 몇 해가 지났다. 박 선비는 식년시를 대비하여 만반의 준비를 하고 있었다. 어느 날 주지가 암자로 올라왔다.

"여보게 증광시를 본다네. 내년까지 기다리지 않아도 되게 되었어."

과거시험 날 박 선비가 과거장에 들어가 시제를 보니 '봄날에 꾀꼬리는 울고 바람은 산들거리네'였다. 박 선비는 능소와의 만남과 이별을 시험지에 일필휘지로 써내려갔다. 시관이 자자마다 점을 찍은 시험지를 들고 "고부 통정대부 박주필 손 현수 장원이요." 하고 외쳤다.

능소의 변함없는 사랑과 재회

과거 급제 후 임금을 알현하는 자리에서, 임금이 시 구절의 의미를 묻자 박 선비는 자신과 능소와의 인연을 아뢰었다. 임금은 창궐하는 도적들을 회심시키고 민심을 살피라며 충청우도 암행어사를 제수했다. 능소에게는 정경부인 품계를 내렸다.

▲ 박현수와 능소의 이야기가 서려 있는 천안 삼거리 공원 내 연못 풍경. 주위에 능수버들이 많이 자라고 있다.

박 선비는 역졸들에게 아무 날 아무 시에 천안 관아로 모이게 했다. 한편으로는 고부 본가로 내려가 홀어머니를 모시고 천안으로 오게 하였다. 박 선비 자신은 단신으로 천안으로 갔다. 찢어진 갓에 허름한 옷차림으로

주막을 찾아가니 주막집 노파는 능소 신세를 망쳐 놓았다고 홀대하며 능소가 있는 곳을 가르쳐주지 않았다. 이웃사람들이 모여들더니 "쯧쯧 어쩌나. 낙방했나 봐. 몇 년 만에 저 꼴로 왔어." 하며 수군거렸다.

능소는 오늘도 거리에 나가 북쪽을 쳐다보며 버드나무에 물을 주고 있었다. 아버지가 심어 놓은 버드나무는 이미 울창해졌고, 자신이 심은 나무들도 제법 자라 잎사귀를 늘어뜨리고 있었다.

"아버지는 언제 돌아오시며 낭군은 또 언제 오시려나."

한숨이 절로 나왔다. 멀리 주막집 근처에 사람들이 웅성거리고 있었다. 이상해서 가보니 꿈에 그리던 낭군이 아닌가. 능소는 아무것도 묻지 않고 박 선비를 집으로 데려와 목욕시키고 준비해 놓은 깨끗한 옷을 입혔다. 박 선비는 낙방하여 돌아올 면목이 없어 못 왔다고 말했다. 능소는 "과거가 뭐 대수기에 이런 꼴로 다니셨소. 그냥 바로 오실 것을."이라며 서운하거나 실망한 기색 하나 없이 선비를 반겨주었다.

한편 천안에선 암행어사가 출두했다는 소문이 돌아 삼삼오오 사람들이 모여 웅성거리고 있었다. 온갖 소식이 가장 먼저 들린다는 천안 삼거리에서도 모를 리가 없었다. 그런 가운데 마침내 풍악소리와 잡인을 물리치는 소리가 천안 삼거리에 쩌렁쩌렁 울리더니 그 행차가 능소의 집 앞에서 멈추었다. 능소가 놀라며 고개를 못 들고 있을 때, 박 선비의 목소리가 들리는 것이 아닌가.

그 사리에서 박 선비는 홀어머니를 모시고 능소와 혼례를 올렸다. 그 광경을 본 이웃사람들은 풍악을 울리며 흥에 겨워 어깨춤을 추니, 박 선비가 노래를 부르기 시작했다.

"천안 삼거리~ 흥~ 능소의 버들은~ 흥~ 제멋에 겨워서~ 흥~ 휘늘어졌구나~ 흥~."

흥겹고 신나는 노랫가락에 지나가는 행인들도 덩실덩실 어깨를 흔들며 함께 춤을 추었고, 이 노래는 입에서 입으로 전해져서 '천안 삼거리 흥타령' 민요로 불리게 되었다. 능소가 심은 길가의 버드나무는 능소의 버들이라는 의미에서 '능소버들'이라 하였고, 이것이 지금의 '능수버들'이 되었다고 한다.

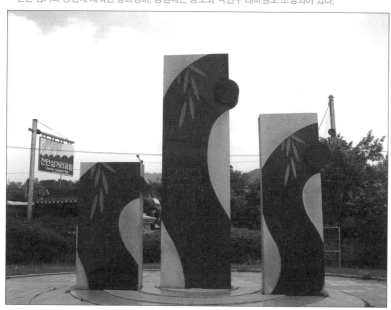

▼ 천안 삼거리 공원에 세워진 흥타령비. 공원에는 능소와 박현수 테마길도 조성되어 있다.

그윽한 즐거움
다하기도 전에

4부

1

최치원과 쌍녀분

: 당나라 무덤 속 두 처녀와 나눈 기묘한 사랑

성명을 감춘다고 이상하게 생각 마세요	莫怪藏姓名
외로운 영혼 세상 사람들이 두렵답니다	孤魂畏俗人
마음속을 다 전하고 싶으니	欲將心事說
잠시 서로 친할 수 있도록 허락해주실런지요	能許暫相親

고운(孤雲) 최치원(857~?)이 중국 리쉐이(溧水) 현위(縣尉)로 있을 때, 두 소녀가 묻힌 무덤에 대한 사연을 듣고 그 무덤을 찾아 시 한 수를 읊었다. 위 시는 최치원의 시에 감응해 꿈속 선녀로 나타난 무덤 속 소녀들이 답한 시다. 중국의 무덤 속 두 소녀와 최치원의 사랑 이야기다.

무덤 속 두 소녀와 사랑을 나눈 최치원

876년 겨울, 약관의 나이 최치원은 당나라 정부에 의해 리쉐이현(溧水縣)의 현위(縣尉)에 임명됐다. 장쑤성 리쉐이현은 경치가 아름답고 뛰어난 인물을 많이 배출한 곳이다. 이 리쉐이현에는 화산(花山)이라는 곳이 있었다. 모란으로 유명한 화산에 꽃이 피면 아름다운 경치가 사람들을 사로잡았다. 화산은 현재 장쑤성 가오춘(高淳)현에 속한다.

화산 서쪽에 '쌍녀분(雙女墳)'이라는 옛 무덤이 있다. 이 무덤에는 소녀 두 명이 묻혀 있었다. 장씨 성의 두 소녀는 아름다운 용모에 재기가 넘쳤지만 부모가 그들이 원하지 않는 상대와 정혼시키자 그것을 거부하다가 울

▲ 최치원이 꿈에서 사랑한 두 여인이 묻힌 쌍녀분(중국 장쑤성 가오춘현)

분에 차 죽게 되었고, 이곳에 묻힌 것이다. 당나라 천보(天寶: 당 현종의 연호 중 하나로 742~756) 시절의 일이다.

리쉐이현 현위인 최치원은 화산을 순찰하다가 화산 근처의 역참에 투숙하게 되었다. 그곳에서 두 소녀의 이야기를 듣고 안타까운 마음에 홀로 무덤을 찾아 애도했다. 황폐해진 옛 무덤을 보자 안쓰러운 마음이 들어 시를 한 수 지어 애도한 것이다.

그날 밤 역관에서 최치원은 선녀 두 명이 나타난 것을 보고 매우 기뻐하며 극진히 대했다. 붉은 소매(紅袖)의 저고리를 입은 선녀와 자주색 치마(紫裙)를 입은 선녀였다. 그들이 최치원에게 자신들의 불행한 신세를 한탄하자 이를 딱하게 여긴 최치원은 그 자리에서 시를 지었고, 두 선녀도 시를 읊어 답했다. 몇 차례 이야기를 나누는 동안 두 선녀와 최치원은 서로 좋아하는 마음이 생겼고, 최치원은 두 선녀와 함께 하룻밤을 보냈다.

아침에 깨어보니 꿈이었다. 최치원은 꿈이 실제처럼 생생한 데다가 두 선녀에 대한 사모의 정도 깊어 「쌍녀분기(雙女墳記)」라는 장시를 지었다.

이 이야기는 통일신라 후기에 지어진 작자 미상의 한문설화집 『신라수이전(新羅殊異傳)』에 실려 있었는데, 조선 전기에 성임이 편찬한 이야기집 『태평통재(太平通載)』에 '최치원'이라는 이름으로 전재되어 있다. 중국에서는 남송 때의 『육조사적편류(六朝事迹篇類)』에 '쌍녀분기(雙女墳記)'라는 이름으로 자세하게 기록됐다.

오랫동안 사람들은 이 이야기를 전설로 받아들였다. 그러나 20세기 말 고고학적 발굴을 통해 이 무덤이 발견돼 전설이 실제인 것으로 밝혀졌다.

최치원이 묘사한 쌍녀분 위치에서 완벽하게 보존된 당나라 고분이 발견됐고 당나라 때 문물이 출토된 것이다. 무덤 속에는 두 개의 묘실과 묘도가 나란히 놓여 있었다. 이것은 두 여성의 묘를 합장했다는 설과 맞아떨어진다. 고증에 따르면 이 무덤은 지금부터 1천 250여 년 전인 당나라 천보 연간의 것으로 드러났다. 각 분야 전문가들은 이것이 최치원이 말한 쌍녀분이라고 판단했다. 국경과 생사를 초월한, 현실과 꿈의 경계를 뛰어넘은 사랑 이야기가 담긴 쌍녀분은 최근에는 유

▲ 중국의 최치원기념관 내 최치원상

명한 관광지가 되어 한국 관광객도 많이 찾고 있다고 한다.

　최치원이 현위로 근무했던 리쉐이현은 지금 두 개의 현으로 나뉘어져 있다. 난징 시내에 가까운 리쉐이현과 창저우(常州) 쪽에 가까운 가오춘(高淳)현 중 후자인 가오춘현이 당나라 최치원과 관련된 쌍녀분이 있는 곳이다. 2007년 10월 중국은 장쑤성 양저우시에 '최치원 기념관'을 세우고, 쌍녀분도 복구 작업을 하여 중요 문화유물로 지정하여 관리하고 있다. 쌍녀

분으로 가는 다리에는 '치원교'라는 이름을 새겨 놓았다. 현재는 전해지지 않는 『신라수이전』에 실려 있던 최치원과 쌍녀분 이야기다.

『신라수이전』에 실린 쌍녀분 이야기

최치원은 자(字)가 고운(孤雲)으로 열두 살에 서쪽으로 당나라에 가서 유학했다. 갑오년(874)에 학사(學士) 배찬(裵瓚)이 주관한 시험에서 단번에 괴과(魁科: 과거시험 장원 급제자)로 합격했다. 그 후 20세 되던 876년에는 리쉐이현위(溧水縣尉)를 제수받았다. 당시 현 남쪽에 있는 초현관(招賢館)에 놀러간 적이 있었다. 관(館) 앞의 언덕에는 오래된 무덤이 있어 쌍녀분(雙女墳)이라 했다. 고금의 명현(名賢)들이 유람하던 곳이다. 최치원이 무덤 앞에 있는 석문(石門)에 다음과 같은 시를 썼다.

어느 집 두 아가씨 이 버려진 무덤에 깃들어	誰家二女此遺墳
적막한 지하에서 몇 해나 봄을 원망했나	寂寂泉扃幾怨春
그 모습 허공을 맴돌고 시냇가는 달빛뿐이며	形影空留溪畔月
성도 이름도 묻기 어려운 무덤에는 먼지뿐이네	姓名難問塚頭塵
고운 그대들 그윽한 꿈에서 만날 수 있다면	芳情倘許通幽夢
나그네의 긴긴 밤 위로가 될 텐데	永夜何妨慰旅人
외로운 관사에서 비와 구름이 만난 듯	孤館若逢雲雨會
그대들과 더불어 낙신부(洛神賦)를 읊고 싶네	與君繼賦洛川神

쓰기를 마치고 초현관으로 돌아왔다. 때마침 달은 밝고 바람이 맑아 명아주 지팡이를 짚고 천천히 거니는데 홀연히 한 여인이 나타났다. 작약꽃처럼 아름다운 모습의 그 여인은 손에 붉은 주머니를 쥐고 앞으로 다가와서 말했다.

"팔낭자와 구낭자가 선생님께 말을 전하라면서 '아침에 특별히 어려운 걸음하시고 거기다 좋은 글까지 주시어 감사하다'고 하셨습니다. 그리고 두 낭자께서 각각 화답하신 글을 써 주시기에 이렇게 명령을 받들어 올립니다."

최치원이 그녀를 돌아보고 놀라며 어떤 낭자인지 사는 곳이 어딘지 묻자 여자가 말했다.

"아침에 덤불을 헤치고 돌을 쓸어내어 시를 쓰신 곳이 바로 두 낭자가 사는 곳입니다."

최치원이 그제서야 깨닫고 첫 번째 주머니를 보니, 팔낭자가 최치원에게 화답한 시였다.

한을 품고 외로운 무덤에 기댄 영혼	幽魂離恨寄孤墳
붉은 뺨 버들눈썹 봄을 맞은 듯	桃瞼柳眉猶帶春
학을 타고 삼신산을 어렵게 헤매다가	鶴駕難尋三島路
이 몸 헛되이 떨어져서 구천의 티끌이 되었습니다	鳳釵空墮九泉塵
살아서는 외간남자 부끄럽기만 했으나	當時在世長羞客
오늘은 낯모르는 이에게 연정을 품게 되었습니다	今日含嬌未識人
시로 하신 말씀이 저의 마음 알아주시니	深愧詩詞知妾意

고개 늘어 기다리며 마음 아파합니다   一回延首一傷神

이어서 두 번째 주머니를 보니 바로 구낭자의 것이었다.

오가는 이 그 누가 길가 무덤을 돌아보랴   往來誰顧路傍墳
난새 거울과 원앙이불엔 먼지만 일어나네   鸞鏡鴛衾盡惹塵
죽고 사는 것은 하늘이 정한 운명이고   一死一生天上命
꽃이 피고 지니 세상은 봄이랍니다   花開花落世間春
매양 진녀처럼 속세 떠나기를 원했고   每希秦女能抛俗
임희의 사랑은 배우지 못했습니다   不學任姬愛媚人
모셔서 양왕이 누렸던 운우의 꿈을 드리고자 하나   欲薦襄王雲雨夢
이 생각 저 생각에 마음만 상합니다   千思萬憶損精神

또 뒤쪽에도 글이 쓰여 있었다.

성명을 감춘다고 이상하게 생각 마세요   莫怪藏姓名
외로운 영혼 세상 사람들이 두렵답니다   孤魂畏俗人
마음속을 다 전하고 싶으니   欲將心事說
잠시 서로 친할 수 있도록 허락해주실런지요   能許暫相親

　아름다운 글을 보고 자못 기뻐한 최치원은 심부름 온 그녀에게 이름
을 물었더니 '취금(翠襟)'이라고 했다. 그가 기쁜 나머지 끌어당기자 취금

이 화를 내면서 말했다.

"선생님께서는 답장을 주시면 되련만 공연히 사람을 잡아두려 하십니까."

최치원은 곧 시를 지어 취금에게 주었다.

우연히 당치도 않는 말을 옛 무덤에 읊었기로	偶把狂詞題古墳
선녀가 세상일 물을 줄 어찌 생각이나 했겠소	豈期仙女問風塵
취금(翠襟)조차 옥으로 깎은 꽃처럼 아름다우니	翠襟猶帶瓊花艶
붉은 소매 그대들은 응당 옥나무에 어린 봄기운 머금고 있으리라	
	紅袖應含玉樹春
이름도 성도 숨겨 속세 나그네 속이고	偏隱姓名欺俗客
잘 다듬는 글 솜씨로 시인을 괴롭히는구려	巧裁文字惱詩人
애타게 원하는 것은 그대들 기쁜 웃음뿐	斷腸唯願陪歡笑
천만 신령에게 빌고 또 비네	祝禱千靈與萬神

그리고 끝에 이렇게 썼다.

파랑새가 뜻밖에도 사연을 알려주니	靑鳥無端報事由
잠시 그리운 생각에 두 줄기 눈물 흐르네	暫時相憶淚雙流
이 밤에 그대 선녀들 만나지 못한다면	今宵若不逢仙質
남은 생 지하에 들어가서라도 찾아보리라	判却殘生入地求

취금이 시를 가지고 회오리바람처럼 빠르게 가버리자 최치원은 홀로 서서 애달피 읊조렸다. 오래도록 소식이 없어서 짧은 노래를 읊조렸는데 마칠 때쯤 해서 갑자기 향기가 나더니 잠시 후에 두 여인이 나란히 나타났다. 정녕 한 쌍의 투명한 구슬 같았고 두 송이 단아한 연꽃 같았다. 최치원은 마치 꿈인 듯 놀라고 기뻐 절하면서 말하였다.

"이 치원은 섬나라의 보잘 것 없는 서생이고 속세의 말단 관리라 어찌 외람되게 선녀들이 범부를 돌아볼 줄 생각이나 했겠습니까? 그냥 장난으로 쓴 글인데 이렇게 문득 아름다운 발걸음을 드리우셨군요."

두 여인은 살짝 웃을 뿐 별 말이 없으니 최치원이 다시 시를 지었다.

아름다운 밤 다행히 잠깐 서로 만났는데	芳宵幸得暫相親
늦은 봄날에 어찌하여 아무런 말이 없는가	何事無言對暮春
지조 있고 아름다운 여인인 줄 알았더니	將謂得知秦室婦
본디 초나라 식부인인 줄 몰랐구려	不知元是息夫人

이때 자주색 치마의 여인이 화를 내며 말하였다.

"웃으며 담소를 나눌 줄 생각했더니 갑자기 경멸을 당했습니다. 식부인은 두 남편을 섬겼지만 저희는 아직 한 남자도 섬기지 않았습니다."

최치원이 웃으면서 말했다.

"부인은 말을 잘하지 않지만 말하면 반드시 이치에 맞는군요."

두 여인이 모두 웃었다. 최치원이 물었다.

"낭자들은 어디에 살았고, 친족은 누구인지요?"

자주색 치마의 여인이 눈물을 흘리며 말했다.

"저와 동생은 리쉐이현(溧水縣) 초성향(楚城鄉) 장씨(張氏) 집안의 두 딸입니다. 돌아가신 아버지는 현의 관리가 되려 하지 않고 유독 지방의 토호(土豪)가 되기만 힘써, 동산(銅山)처럼 부를 누렸고 금곡(金谷)처럼 사치를 부렸습니다. 저의 나이 18세, 아우의 나이 16세가 되자 부모님은 혼처를 의논하시더니 저는 소금장사와 정혼하고 아우는 차(茶)장사에게 혼인을 허락하셨습니다. 그래서 저희들은 마음에 맞지 않아 여러 번 남편감을 바꿔달라고 조르다가 울적한 마음이 맺혀 풀기 어렵게 되고 급기야 요절하게 되었습니다. 선생님께서는 의심하거나 꺼려하지 마십시오."

최치원이 말했다.

"옥 같은 소리 분명한데 어찌 의심하고 꺼려하겠습니까?"

이어서 두 여인에게 물었다.

"무덤에 깃든 지 오래되었고 초현관에서 멀지 않으니, 여러 영웅과 만난일이 있을 터인데 어떤 아름다운 사연이 있었는지요?"

빨간 저고리 여인이 말했다.

"왕래하는 자들이 모두 비루한 사람들뿐이었는데, 오늘 다행히 선생님을 만났습니다. 그대의 기상은 오산(鰲山)처럼 빼어나서 함께 오묘한 이치를 말할 만합니다."

최치원이 술을 권하며 두 여자에게 말했다.

"세속의 음식을 세상 밖의 사람에게 드려도 괜찮은지 모르겠군요?"

자주색 치마의 여인이 말했다.

"먹지 않고 마시지 않아도 배고프지 않고 목마르지 않습니다. 그러나 다행히 훌륭한 분을 만나 좋은 음식을 받아먹게 되었는데 어찌 함부로 사양하고 거스를 수 있겠습니까?"

이에 술을 권해 마시며 각각 시를 지었는데, 모두 맑고 빼어나 세상에 없는 구절들이었다. 이때 달은 낮과 같이 환하고 바람은 가을날처럼 맑았다. 언니가 곡조를 바꾸자고 하였다.

"달로 제목을 정하고 풍(風)으로 운(韻)을 삼지요."

이에 최치원이 먼저 첫 연을 지었다.

먼 하늘 달빛이 눈에 가득한데	金波滿目泛長空
아득한 수심은 곳곳마다 다 같구나	千里愁心處處同

팔낭자가 읊었다.

달그림자 움직여도 옛 길 헤매지 않고	輪影動無迷舊路
계수나무 꽃은 봄바람 기다리지 않고 피는구나	桂花開不待春風

구낭지가 읊었다.

밤이 깊어가니 달빛은 더욱 빛나는데	圓輝漸皎三更外
헤어지기 싫은 마음에 한 번 바라보니 가슴 아파라	離思偏傷一望中

최치원이 읊었다.

부드러운 달빛 퍼질 때 비단 장막 고루 비추니　　　練色舒時分錦帳
아름다운 나무 그림자 비치며 구슬창문에도 스며드네

　　　　　　　　　　　　　　　　　　　　　珪模暎處透珠瓏

팔낭자가 읊었다.

인간세상과 멀리 이별하니 애가 끊어질 듯하고　　　人間遠別腸堪斷
황천에 외로이 누웠으니 한은 끝이 없어라　　　　　泉下孤眠恨莫窮

구낭자가 읊었다.

언제나 부러워라 항아의 계교　　　　　　　　　　每羨嫦娥多計校
규방을 버리고 달나라에 갔네　　　　　　　　　　能抛香閣到仙宮

최치원이 더욱더 감탄하며 말했다.

"이러한 때 앞에 생황 반주나 노래 부르는 이가 없다면 좋은 일을 다 누렸다 할 수 없겠지요."

이에 빨간 저고리의 여인이 하녀 취금을 돌아보며 최치원에게 "현악기가 관악기만 못하고 관악기가 사람 소리만 못하지요. 이 아이는 노래를 잘 부른답니다."라 하며 충정을 노래하는 「소충정사(訴衷情詞)」를 부르라고 말했다. 취금이 옷깃을 여미고 한 번 노래하니 그 소리가 청아해서 세상에는 다시없을 것 같았다. 이제 세 사람은 얼큰히 취했다. 최치원이 두 여인을 유혹하면서 말했다.

"일찍이 수나라 노충(盧充)은 사냥을 갔다가 우연히 좋은 짝을 얻었고, 완조(阮肇)는 신선을 찾다가 아름다운 배필을 만났다고 들었습니다. 아름다운 그대들이 허락하신다면 좋은 연분을 맺고 싶습니다."

두 여인이 모두 허락하며 말하였다.

"순(舜) 임금이 임금이 되었을 때 두 여자가 모시었고, 주랑(周郎)이 장군이 되었을 때도 두 여자가 따랐지요. 옛날에도 그렇게 했는데 오늘은 어찌 그렇지 않겠습니까?"

최치원은 뜻밖의 허락에 기뻐했다. 곧 정갈한 베개 셋을 늘어놓고 새 이불 하나를 펴놓았다. 세 사람이 한 이불 아래 누우니 그 곡진한 사연을 이루 다 말할 수 없었다. 최치원이 두 여자에게 장난스럽게 말했다.

"규방에 가서 황공(黃公)의 사위가 되지 못하고 도리어 무덤가에 와서 진씨(陳氏) 여자를 껴안았으니, 무슨 인연으로 이런 만남 이루었는지 알지 못하겠구려."

그러자 언니가 시를 지어 읊었다.

| 그대 말 들어보니 어질지는 못하군요 | 聞語知君不是賢 |
| 인연 따라 여종과 같이 잔들 어떠하겠어요 | 應緣慣與女奴眠 |

시를 마치자마자 동생이 그 뒤를 이었다.

| 뜻밖에 바람둥이와 인연을 맺었는데 | 無端嫁得風狂漢 |

경솔한 말로 신선을 욕되게 하는군요　　　　　　強被輕言辱地仙

최치원이 화답하여 시를 지었다.

오백 년 만에 처음으로 어진 사람 만나서　　　　五百年來始遇賢
오늘밤 그대들과 함께한 잠자리 즐거우니　　　　且歡今夜得雙眠
꽃다운 그대들 나와 친한 것을 괘념치 마오　　　芳心莫怪親狂客
봄바람에 귀양 온 신선이라 여기시길　　　　　　曾向春風占謫仙

잠시 후 달이 지고 닭이 울자 두 여자가 모두 놀라며 최치원에게 말했다.
"즐거움이 다하면 슬픔이 오고, 이별은 길고 만남은 짧지요. 이것은 인간세상에서 귀천을 떠나 모두 애달파하는 일인데, 하물며 삶과 죽음의 길이 달라 늘 대낮을 부끄러워하고 좋은 시절 헛되이 보낸 저희들이야! 다만 하룻밤의 즐거움을 누린 것으로 이제부터 천년의 길고 긴 한을 품게 되는군요. 처음에 동침의 행운을 기뻐했는데, 갑자기 기약 없는 이별을 맞게 되어 탄식할 뿐입니다."
두 여인이 각각 시를 주었다.

북두칠성이 한 바퀴 돌고 물시계 물도 다해　　星斗初回更漏闌
하직 인사를 하려니 눈물이 흐르는구나　　　　欲言離緒淚欄干
이제 천년의 한을 맺었으니　　　　　　　　　從茲便結千年恨
밤중의 그 기쁨을 찾을 기약 없구나　　　　　無計重尋五夜歡

다른 시다.

지는 달빛 창에 비추자 붉은 뺨 차가워지고 　　　斜月照窓紅臉冷

새벽바람에 옷깃 나부끼니 비취 눈썹 찌푸리네 　　曉風飄袖翠眉攢

그대와 이별하는 걸음걸음 애간장 끊어지고 　　　辭君步步偏腸斷

비 뿌리고 구름 돌아가니 꿈속에 다시 들기 어려워라 雨散雲歸入夢難

　최치원은 시를 보고 자신도 모르게 눈물을 흘렸다. 두 여인이 최치원에게 말했다.

　"혹시라도 다른 날 이곳을 다시 지나게 되신다면 황폐한 무덤을 다듬어주십시오."

　말을 마치자 곧 바람같이 사라졌다. 다음 날 아침 치원은 무덤가로 가서 쓸쓸히 거닐면서 읊조렸다. 깊이 탄식하고 긴 시를 지어 자신을 위로하였다.

풀 우거지고 먼지 덮인 캄캄한 두 여인의 무덤 　　草暗塵昏雙女墳

옛날부터 이름난 유적인 줄 그 누가 들었으리 　　古來名迹竟誰聞

넓은 들판에 변함없이 떠 있는 달빛만 애달프고 　　唯傷廣野千秋月

속절없이 무산(巫山)에 두어 조각구름만 떠있네 　　空鎖巫山兩片雲

뛰어난 재주 지닌 내가 먼 지방의 관리되어 한스럽더니

　　　　　　　　　　　　　　　　　自恨雄才爲遠吏

우연히 외로운 초헌관에 왔다가 깊숙한 곳의 쌍녀분 찾았네

偶來孤館尋幽邃

장난으로 시 구절을 석문에다 썼더니

戲將詞句向門題

감동한 선녀들 깊은 밤에 찾아왔네

感得仙姿侵夜至

빨간 저고리의 여인과 자주색 치마의 여인

紅錦袖與紫羅裙

앉아 있으니 난초향기 사향향기 스머드네

坐來蘭麝逼人薰

비취 눈썹 붉은 뺨 모두 세속을 벗어났고

翠眉丹頰皆超俗

마시는 모습과 시 읊는 정취도 뛰어나네

飮態詩情又出群

지고 남은 꽃 마주하여 향기로운 술잔 기울이고

對殘花傾美酒

짝 맞춰 추는 묘한 춤에 섬섬옥수 드러나네

雙雙妙舞呈織手

미친 듯한 마음은 어지러워져 부끄러운 줄도 모르고

狂心已亂不知羞

꽃다운 뜻 허락할지 시험해보았다네

芳意試看相許否

미인들은 얼굴을 숙인 채 어쩔 줄 몰라

美人顏色久低迷

반쯤은 웃는 듯 반쯤은 우는 듯

半含笑態半含啼

낯이 익자 자연히 마음은 불같이 타오르고

面熟自然心似火

붉은 뺨은 진흙처럼 취한 듯하네

臉紅寧假醉如泥

아름다운 노래 부르며 기쁨 함께 누리니

歌艶詞打懽合

이 아름다운 밤 좋은 만남은 전생이 미리 정한 것인가

芳宵良會應前定

잠시 사녀(謝女)가 청담을 나누는 것 듣고　　　　　纔聞謝女啓淸談

또한 반희(班姬)가 고운 노래 읊는 것 보았도다　　　又見班姬擒雅詠

정은 깊어지고 뜻이 가까워져 친하길 바랐으니　　情深意密始求親

정녕 복사꽃 자두꽃 피는 시절이라　　　　　　　正是艶陽桃李辰

밝은 달빛은 금침의 정 배로 더하고　　　　　　　明月倍添衾枕恩

향기로운 바람은 비단 같은 몸에 불어오네　　　　香風偏惹綺羅身

비단 같은 몸 금침 속의 간절한 생각이여　　　　　綺羅身衾枕恩

그윽한 즐거움 다하기도 전에 이별의 슬픔에 이르렀네　幽歡未已離愁至

몇 가락 노래는 외로운 혼 끊어 놓을 듯하고　　　數聲餘歌斷孤魂

가물거리는 등잔불 두 줄기 눈물 비추는 구나　　　一點殘燈照雙淚

새벽하늘 난새와 학은 각각 동서로 흩어지고　　　曉天鸞鶴各西東

홀로 앉아 생각하니 꿈속인 듯하여라　　　　　　獨坐思量疑夢中

곰곰이 생각하니 꿈인 듯하나 꿈 아니라　　　　　沈思疑夢又非夢

시름 속 푸른 하늘 흘러가는 아침 구름 쳐다보네　愁對朝雲歸碧空

말은 길게 울며 가야할 길 바라보는데　　　　　　匹馬長嘶望行路

얼빠진 이 사람은 오히려 다시 버려진 무덤 찾았네　狂生猶再尋遺墓

비단 버선발로 꽃 먼지 밟고 오는 것 보지 못하고　不逢羅襪步芳塵

다만 꽃나무 가지에 맺힌 눈물 같은 아침이슬만 보았네

但見花枝泣朝露

애간장 끊어질 듯해 머리 돌려 바라보나　　　　　　腸欲斷首頻回
적막한 무덤을 누가 열어주랴　　　　　　　　　　泉戸寂廖誰爲開
고삐 놓고 바라보니 끝없이 눈물만 흐르고　　　　頓轡望時無限淚
채찍 드리우고 시 읊던 곳 슬픔만 남았어라　　　　垂鞭吟處有餘哀

따스한 봄바람 부는 늦은 봄날에　　　　　　　　暮春風暮春日
버들꽃만 어지러이 바람에 흩날리네　　　　　　　柳花撩亂迎風疾
늘 나그네 시름으로 화창한 봄날 원망하는데　　常將旅思怨韶光
하물며 이별의 정으로 꽃다운 그대를 그리워함에야　況是離情念芳質

인간 세상의 일 중 수심은 사람 잡는 것　　　　人間事愁殺人
멋진 길 들어섰나 싶었는데 또다시 미로를 만나네　始聞達路又迷津
풀 더미에 묻힌 동대(銅臺) 천년의 한이요　　　草沒銅臺千古恨
꽃피던 금곡(金谷)은 하루아침의 짧은 봄이로다　花開金谷一朝春

완조(阮肇)와 유신(劉晨)은 그저 보통 인물이고　院肇劉晨是凡物
진황제(秦皇帝)와 한무제(漢武帝)도 신선이 아니었지　秦皇漢帝非仙骨
그때 아름다운 만남 아득하여 쫓지 못하고　當時嘉會杳難追
후대에 남긴 이름 다만 슬퍼할 뿐　　　　　　後代遺名徒可悲

아득히 왔다가 홀연히 가버리니	悠然來忽然去
비바람은 인제나 덧없음을 알겠네	是知風雨無常主
내가 여기서 두 여인 만난 것은	我來此地逢雙女
옛날 양왕이 무산(巫山)의 선녀를 꿈꾼 것과 같구나	遙似襄王雲雨夢
대장부여 대장부여!	大才夫大才夫
씩씩한 기운으로 아녀자의 한 풀어준 것뿐이니	壯氣須除兒女恨

▲ 최치원이 글을 짓고 글씨를 쓴 진감선사비(지리산 쌍계사)

요사스런 여우의 일 연연해하지 마세　　　　　莫將心事戀妖狐

나중에 최치원은 과거에 급제하고 고국으로 돌아오다 길에서 시를 읊었다.

뜬구름 같은 세상의 영화는 꿈속의 꿈이니　　　浮世榮華夢中夢
흰 구름 깊은 곳에서 이 한 몸 편히 쉬고 싶어라　白雲深處好安身

곧 물러나서 아예 속세를 떠나 산과 강에 묻힌 스님을 찾아가 작은 서재를 짓고 석대(石臺)를 쌓아 옛글을 탐독하고 풍월을 읊조리며 그 사이에서 유유자적하게 살았다. 남산(南山)의 청량사(清凉寺), 합포현(合浦縣)의 월영대(月影臺), 지리산의 쌍계사(雙溪寺), 석남사(石南寺), 묵천석대(墨泉石臺)에 모란을 심은 것이 지금까지도 남아 있으니, 모두 그가 떠돌아다닌 흔적이다. 최후에 가야산 해인사에 은거하여 그 형인 현준(賢俊) 스님 및 스승 정현(定玄) 스님과 함께 경론을 탐구하며, 마음은 맑고 아득한 데 노닐다가 세상을 마쳤다.

〈최치원은〉

최치원(857~?)은 신라 하대의 학자·문장가이다. 자는 고운(孤雲) 또는 해운(海雲)이다. 신라 골품제에서 6두품(六頭品) 신분이었으며, 신라의 유교를 대표할 만한 많은 학자들을 배출한 최씨 가문 출신이다.

최치원이 868년(경문왕 8)에 열두 살의 어린 나이로 중국 당나라에 유학을 떠나게 되었을 때, 아버지 견일은 그에게 "10년 안에 과거에 합격하지 못하면 내 아들이 아니다."라고 했다고 한다.

당나라에 유학한 지 6년 만인 874년에 18세의 나이로 예부시랑(禮部侍郎) 배찬(裵瓚)이 주관한 빈공과(賓貢科)에 합격했다. 열두 살의 어린 나이에 유학을 와 불과 6년 후인 18세에 당당히 당 제국의 지식인들과 경쟁하여 과거에 급제하는 쾌거를 이룬 것이다. 이 사실에 대해 최치원은 886년에 쓴 『계원필경(桂苑筆耕集)』서문에서 다음처럼 쓰고 있다.

"제가 열두 살 때 집을 떠나 서쪽으로 배를 타려할 때 돌아가신 아버지께서 훈계하시기를 '네가 10년 공부하여 과거에 급제하지 못하면 나의 아들이라 말하지 말라. 그리고 나도 아들을 두었다고 하지 않을 터이니, 그곳에 가서 부지런히 공부에 힘을 다하라.'라고 말씀하셨다."

나중에 그는 아버지의 그 엄한 훈계를 마음에 깊이 새기면서 "다른 사람이 백을 노력하면 천을 노력한 결과 공부를 시작한 지 6년 만에 이름을 급제자 명단에 올렸다."고 쓰고 있다.

급제 후 2년간 낙양(洛陽)을 유랑하면서 시작(詩作)에 몰두했다.

876년 당나라의 선주(宣州) 리쉐이현위(溧水縣尉)가 되었다. 이때 지은 글들을 추려 모은 것이 『중산복궤집(中山覆簣集)』1부(部) 5권이다. 877년 겨울 리쉐이현위를 사직하고 한동안 경제적 곤란을 받게 되었으나, 양양(襄陽) 이위(李蔿)의 문객(門客)이 되었다. 곧 이어 회남절도사(淮南節度使) 고변(高駢)의 추천으로 관역순관(館驛巡官)이 되었다. 그러나 문명(文名)을 천하에 떨치게 된 것은 879년 황소(黃巢)가 반란을 일으키자 고변이 제도행영병마도통(諸道行營兵馬都統)이 되어 반란군를 칠 때 고변의 종사관(從事官)이 되어 서기의 책임을 맡으면서부터였다.

그 후 4년간 고변의 군막에서 표(表)·장(狀)·서계(書啓)·격문(檄文) 등을 제작하는 일을 맡게 되었다. 이어 26세 때인 882년에는 당나라 황제로부터 대궐에도 드나들 수 있는 표신(標信)인 자금어대(紫金魚袋)를 하사받았다. 고변의 종사관으로 있을 때 지은 글이 표·장·격(檄)·서(書)·위곡(委曲)·거첩(擧牒)·제문(祭文)·소계장(疏啓狀)·잡서(雜書)·시 등 1만여 수에 달하였으며, 귀국 후 정선하여 『계원필경(桂苑筆耕)』 20권을 이루게 되었다. 이 중 특히 「토황소격(討黃巢檄)」은 명문으로 이름이 높다.

885년 귀국할 때까지 17년 동안 당나라에 머물러 있는 동안 고운(顧雲), 나은(羅隱) 등 당나라의 여러 문인들과 사귀어 그의 글재주는 더욱 빛나게 되었다. 이로 인해 『당서(唐書)』 「예문지(藝文志)」에도 그의 저서명이 수록되었다. 이규보는 『동국이상국집』의 「당서불립최치원전의(唐書不立崔致遠傳議)」라는 글에서 '당서 열전(列傳)에 최치원의 전기가 들어 있지 않은 것은 중국인들이 그의 글재주를 시기한 때문일 것'이라고 말하고 있다.

29세 때 신라에 돌아오자 헌강왕이 시독 겸 한림학사 수병부시랑 지서서감사(侍讀兼翰林學士守兵部侍郎知瑞書監事)에 임명하였다. 국내에서도 문명을 떨쳐 귀국한 다음 해에 왕명으로 「대숭복사비문(大崇福寺碑文)」 등의 명문을 남겼고, 당나라에서 지은 저작들을 정리해 국왕에게 진헌하였다.

그러나 당시의 신라사회는 이미 붕괴를 눈앞에 두고 있었다. 무엇보다도 지방에서 호족세력이 대두하면서 중앙정부는 주(州)·군(郡)의 공부(貢

賦)도 제대로 거두지 못해 국가의 창고가 비어 재정이 궁핍한 실정이었다. 889년(진성여왕 3)에 주·군의 공부를 독촉하자 마침내 농민들이 사방에서 봉기해 전국적인 내란 상태에 들어가게 되었다.

이에 최치원은 895년 전국적인 내란의 와중에 사찰을 지키다가 전몰한 승병들을 위해 만든 해인사(海印寺) 경내의 한 공양탑(供養塔)의 기문(記文)에서 당시의 처참한 상황에 대해 "당토(唐土)에서 벌어진 병(兵)·흉(凶) 두 가지 재앙이 서쪽 당에서는 멈추었고, 동쪽 신라로 옮겨와 그 험악한 중에도 더욱 험악해 굶어서 죽고 전쟁으로 죽은 시체가 들판에 별처럼 흐트러져 있었다."고 적고 있다.

귀국 후 처음에는 상당한 의욕을 가지고 당나라에서 닦은 경륜을 펴보려 하였다. 그러나 진골귀족 중심의 독점적인 신분체제의 한계와 국정의 문란함을 깨닫고 외직(外職)을 원해 890년에 대산군(大山郡: 지금의 전라북도 태인)·천령군(天嶺郡: 지금의 경상남도 함양)·부성군(富城郡: 지금의 충청남도 서산) 등지의 태수를 역임하였다.

부성군 태수로 있던 893년 하정사(賀正使)에 임명되었으나 도둑들의 횡행으로 가지 못하고, 그 뒤에 다시 사신으로 당나라에 간 일이 있다.

894년에는 시무책(時務策) 10여 조를 진성여왕에게 올려서 문란한 정치를 바로잡으려고 노력하기도 하였다. 10여 년 동안 중앙의 관직과 지방관직을 역임하면서, 중앙 진골귀족의 부패와 지방세력의 반란 등 사회모순을 직접적으로 목격한 결과를 토대로 구체적인 개혁안을 제시한 것이다. 시무책은 진성여왕에게 받아들여져서 6두품의 신분으로서는 최고의 관등인 아찬(阿飡)에 올랐으나 그의 정치적인 개혁안은 실현될 수 없는 것이

▲ 최치원이 고운사에 머물며 창건한 가운루(경북 의성)

었다. 당시의 사회모순을 외면하고 있던 진골귀족들에게 그 개혁안이 받아들여질 리는 만무했던 것이다.

그리고 얼마 후 실정을 거듭하던 진성여왕이 즉위한 지 11년 만에 정치문란의 책임을 지고 효공왕에게 자리를 물려주기에 이르렀다. 최치원은 퇴위하고자 하는 진성여왕과 그 뒤를 이어 새로이 즉위한 효공왕을 위해 작성한 각각의 상표문(上表文)에서 신라가 이미 돌이킬 수 없는 멸망의 길로 들어서고 있음을 박진감 나게 묘사하였다.

▲ 최치원이 말년에 합천 가야산으로 들어가 은거했던 홍류동 계곡에 후손들이 최치원을 기려 세운 농산정(籠山亭)

이런 상황에까지 이른 신라왕실에 대한 실망과 좌절감에 최치원은 40여 세 장년의 나이로 관직을 버리고 소요자방(逍遙自放)하다가 마침내 은거를 결심하였다. 당시의 사회적 현실과 자신의 정치적 이상 사이에서 빚어지는 심각한 고민을 해결하지 못하고 결국 은퇴의 길을 택하지 않을 수 없었던 것 같다.

즐겨 찾은 곳은 경주의 남산, 강주(剛州: 지금의 경상북도 義城)의 빙산(氷山), 합천의 청량사(淸凉寺), 지리산의 쌍계사, 합포현(合浦縣: 지금의 昌原)의

별서(別墅) 등이었다고 한다. 이밖에도 동래의 해운대를 비롯해 그의 발자취가 머물렀다고 전해지는 곳이 여러 곳 있다.

만년에는 형님인 승려 현준(賢俊) 등과 도우(道友)를 맺고 가야산 해인사에서 머물렀다. 해인사에서 언제 세상을 떠났는지 알 길이 없으나, 그가 지은 「신라수창군호국성팔각등루기(新羅壽昌郡護國城八角燈樓記)」에 의하면 908년 말까지 생존했던 것은 분명하다.

그 뒤의 행적은 알 수 없으나, 물외인(物外人)으로 산수 간에서 방랑하다가 죽었다고도 하며 또는 신선이 되었다는 속설도 전해오고 있다. 그러나 자살한 것이 아닌가 하는 새로운 주장도 있다.

『삼국사기』 중 「최치원 전」에 의하면, 고려 왕건에게 보낸 서한 중에 "계림은 시들어가는 누런 잎이고, 개경의 곡령은 푸른 솔(鷄林黃葉 鵠嶺靑松)"이라는 구절이 들어 있다. 신라가 망하고 고려가 새로 일어날 것을 미리 내다보고 있었던 것이다.

최치원이 실제 왕건에게 서신을 보낸 사실이 있었는지를 확인할 길은 없다. 그러나 그가 송악 지방에서 새로 대두하고 있던 왕건세력에 주목하고 있었던 것은 사실인 것 같다. 은거하고 있던 해인사에는 희랑(希朗)과 관혜(觀惠) 등 두 사람의 화엄종장(華嚴宗匠)이 있어서 서로 정치적 견해를 달리하며 대립하고 있었다. 희랑은 왕건을, 관혜는 견훤의 지지를 표방하고 있었다.

그때에 최치원이 희랑과 교분을 가지고 그를 위해 시 6수를 지어준 것이 오늘날까지 남아 있다. 이로 보아 최치원은 희랑을 통해서도 왕건의 소식을 듣고 있었고, 나아가 고려의 흥기에 기대를 걸었을 가능성을 생각할 수 있다. 비록 어느 편에도 적극적으로 가담하지 못한 채 잔존세력에 불과하던 신라인으로 남아 은거생활로 일생을 마치고 말았으나, 역사적 현실에 대한 고민은 그의 후계자들에게 영향을 주었다. 그래서 문인(門人)들은 대거 고려정권에 참가해 새로운 성격의 지배층을 형성함으로써 신흥 고려의 새로운 정치질서·사회질서의 수립에 선구적인 역할을 담당하였다.

최치원이 살던 시대는 사회적 전환기일 뿐만 아니라 그에 상응하는 정신계의 변화도 활발하게 전개되고 있었다. 이러한 상황에서 그는 정신계의 변화면에 있어서도 중요한 위치를 차지하고 있었다. 학문의 기본적 입장을 논할 때 자신을 '부유(腐儒)' '유문말학(儒門末學)' 등으로 표현했던 것으로 보아, 유학(儒學)이었던 것을 알 수 있다.

그는 유학을 새로운 정치이념으로 내세우면서 신라의 골품제도 등을 부정하는 방향으로까지 발전시켰다. 유교에 있어서의 선구적 업적은 뒷날 최승로(崔承老)로 이어져 고려의 정치이념으로 확립되기에 이르렀다.

최치원은 유학자로 자처하면서도 불교에도 깊은 관심을 가져 승려들과 교유하고, 불교 관계의 글들을 많이 남겼다. 불교 중에서도 특히 종래의 학문불교·체제불교인 화엄종의 한계와 모순에 대해서 비판하는 성격을 가진 선종(禪宗)의 대두를 주목하고 있었다.

유교와 불교 외에도 도교와 노장사상, 풍수지리설에도 관심이 있었다. 당나라에 있을 때 도교의 신자였던 고변의 종사관으로 있으면서 도교에 관한 글을 남긴 것을 보아 그 영향을 받았음을 짐작할 수 있다. 특히 『계원필경』 권15에 수록된 「재사(齋詞)」는 그의 도교에 대한 이해를 보여준다.

귀국한 뒤에는 정치개혁을 주장하다가 진골귀족의 배척을 받아 관직을 떠났다. 이런 현실적인 불운을 노장적인 분위기 속에서 자족하려고 하는 면이 그의 시에 잘 나타나 있다. 이러한 현실도피적인 행동 때문에 뒷날 도교의 인물로까지 전해지게 되었던 것이다. 1020년 현종에 의해 내사령(內史令)에 추증되고, 다음 해에 문창후(文昌候)에 추시(追諡)되어 문묘에 배향되었다.

글씨도 잘 썼다. 오늘날 남아 있는 것으로는 쌍계사의 '진감선사비문'이 유명하다.

신재효와 진채선

: 판소리 스승과 제자의 감질나는 사랑

스물네 번 바람 불어 만화방창 봄이 되니
구경 가세 구경 가세 도리화 구경 가세
도화는 곱게 붉고 희도 흴사 외얏꽃이

판소리 연구자이자 작가인 동리(桐里) 신재효(1812~1884)가 자신이 각별한 애정과 정성을 다
해 판소리를 가르친 최초의 여류명창 진채선을 위해 지은 판소리 단가 중 일부다. 신재효
에게 진채선은 제자였지만, 나중에는 마음 절절한 연인이 된 주인공이다. 사랑하지만 가까
이할 수 없었던 진채선에 대한 마음을 담아낸 작품이다. 신재효와 진채선의 특별한 사랑
이야기를 들어보자.

판소리 스승과 제자로 만난 두 사람

　신재효는 전라북도 고창에서 태어났다. 중인 집안 출신으로 총명한 자질을 타고 났는데 어릴 적부터 학문에 열중하고 효심이 뛰어난 데다 언행까지 모범적이어서 주변에서는 큰 학자가 될 것이라 기대했다.

　그런데 학문뿐만 아니라 음율, 가곡, 창악 등에도 정통했던 그는 타고난 음악적 감각과 창작능력, 판소리 음조의 기억력 등을 살려 많은 명창들과 사귀고 그들을 도우면서 판소리 연구와 후원의 길로 본격적으로 들어서게 되었다. 당시 웬만한 명창들은 모두 신재효의 영향을 직간접으로 받았다 해도 과언이 아니다.

▼ 신재효 고택(전북 고창)

▲ 신재효의 제자로 우리나라 최초의 여류 명창
이 된 진채선

진채선은 1847년에 고창군 심원면 월산리 검당포에서 태어나 무당이었던 어머니를 따라다니며 등 너머로 소리를 익혔다. 상당한 소리 실력을 갖추고 있다가 17세 때 신재효 문하로 들어가 소리 사범이었던 명창 김세종으로부터 소리를 배웠다. 당시만 해도 판소리는 남성의 전유물이었는데, 진채선은 신재효와 소리 선생이었던 김세종의 지도를 받아 판소리뿐만 아니라 가곡, 무용에도 능하게 되었다. 특히 판소리를 잘했는데, 미려하면서도 웅장한 성음과 다양한 기량으로 남자명창들의 간담을 서늘하게 했다. 그녀는 특히 '심청가'와 '춘향가'를 잘 불렀다.

실력을 쌓은 채선은 경복궁 낙성 기념식에서 신재효가 지은 단가와 판소리 등을 부르게 되는데, 이는 두 사람의 사랑 행로를 크게 바꿔 놓는다. 흥선대원군 이하응은 1867년 7월 경복궁 안에 경회루를 새로 지어 낙성연을 베풀었다. 아들이 왕이 되기 전 가난한 왕족으로 불운한 세월을 보냈던 대원군은 자신의 울분을 판소리 가락을 들으며 달래는 가운데 당대의 여러 명창들과 인연을 맺었다. 남달리 판소리를 즐기던 대원군이라 경회루 낙성연에 전국의 명창들을 모두 불러들여 소리잔치를 벌인 것이다. 그때 초청된 명창들 틈에 진채선도 끼어 있었다. 신재효는 왕 앞에 나아가 노래를 하게 된 아끼는 제자에게 고사창(告祀唱)을 작곡해주며 부르게 했다. 판소리를 부르기 전에 고사창을 부르게 한 것이다.

경회루 낙성연에 참여한 명창은 수십 명이나 되었는데, 진채선은 홍일점이었다. 누각 위 용상에는 임금과 왕비가 앉아 있고, 한 단 아래에는 대원군을 중심으로 삼정승과 육판서 등 백관들이 자리를 잡았다. 경복궁 넓은 뜰에 많은 사람들이 운집해 있는 가운데 진채선은 스승이 지어준 고사창을 부르기 시작했다.

소중화 우리 조선 천하에 명국이라
백두산이 북주되고 한라산이 남안인데
망망한 대해수가 동서남을 둘러 있고
경복궁 주혈명당 천천세지 기업이오

뛰어난 소리뿐만 아니라 미모 또한 뛰어나 선녀가 노래하는 것 같았다. 진채선은 고사창에 이어 스승이 지어준 성조가(成造歌)와 방아타령, 판소리 춘향가 중 사랑가 대목을 불렀고, 대원군을 비롯한 모든 청중의 넋을 잃게 만들었다. 이로써 진채선의 이름은 단번에 서울은 물론 전국에 널리 알려졌다.

운현궁으로 들어가버린 진채선

진채선은 경회루 낙성연으로 대원군의 총애를 받게 되면서 그 후 운현궁에 살게 된다. 판소리를 좋아하던 대원군은 진채선이 마음에 들어 21세의 그녀를 궁으로 들여 같이 살게 한 것이다.

고창판소리박물관의 문화해설사는 진채선이 남장을 한 후 경복궁 낙성연에 나가 소리를 하고, 소리에 반한 대원군의 눈에 들어 3일간 머물게 되었는데, 그때 남장이 탄로가 나면서 대령(待令)기생으로 3년간 머물게 되었다는 설명을 들려줬다.

대원군은 뛰어난 명창 진채선의 뒤에는 신재효라는 훌륭한 판소리 이론 및 실기 선생이 있다는 사실을 진채선을 통해 알게 되고, 신재효를 운현궁으로 불러들여 소리를 듣기도 했다. 판소리에 관한 해박한 지식과 독특한 창법, 당당한 풍모와 인품에 감화된 대원군은 신재효에게 오위장(五衛將)이라는 벼슬을 내려주었다.

신재효는 오위장을 하고 대원군의 비호를 받으며 서울에서 잘 살 수 있게 되었지만, 갈수록 공허해지는 마음을 어찌할 수가 없었다. 진채선과 판소리를 함께 하며 지내던 시절이 갈수록 그리워졌다. 꿈속에서도 진채선과 함께 다정하게 마주앉아 소리 공부를 하던 광경이 나타날 정도였다.

그러나 진채선은 이제 자신이 어떻게 할 수 있는 제자가 아니었다. 절대 권력자 대원군의 총애를 받는 귀한 신분이 된 것이다. 대원군의 귀여움을 받고 있는 진채선을 함부로 만날 수 있는 처지도 아니었다. 그렇게 되니 진채선에 대한 마음은 더욱 간절해졌다. 진채선은 단순히 뛰어난 제자가 아니었던 것이다. 사랑의 정이 깊었음을 새삼 확인한 그는 오위장 벼슬과 서울 생활을 내던지고 4개월 만에 고향으로 내려갔다. 그렇다고 사랑하는 마음이 사라지겠는가. 진채선을 향한 마음은 더욱 깊어지기만 했다.

「도리화가」를 지어 마음 달랜 신재효

신재효는 그런 마음을 조금이나마 달래기 위해 판소리 단가 「도리화가 (桃李花歌)」를 지었다. 채선을 향한 마음을 담은 것이다. 서두 부분과 마지막 부분이다.

스물네 번 바람 불어 만화방창 봄이 되니
구경 가세 구경 가세 도리화 구경 가세
도화는 곱게 붉고 희도 흴사 외얏꽃이
향기 쫓는 세요충(細腰蟲)은 젓대 북이 따라가고
보기 좋은 범나비는 너픈너픈 날아든다

붉은 꽃이 빛을 믿고 흰꽃을 조롱하여
풍전(風前)의 반만 웃고 향인(向人)하여 자랑하니
요요(夭夭)하고 작작(灼灼)하여 그 아니 경일런가
꽃 가운데 꽃이 피니 그 꽃이 무슨 꽃인고
웃음 웃고 말을 하니 수정궁의 해어환가
해어화(解語花) 거동보소 아름답고 고을씨고
구름 같은 머리털은 타마계(墮馬髻) 아닐런가
여덟팔자 나비눈썹 서귀인의 그림인가
작약(綽約)한 두살작은 편편행운(片片行雲) 부딪치고
이슬 속의 붉은 앵도(櫻桃) 번소(樊素)의 입일런가

(중략)

청풍명월 주장(主掌)하여 퉁소 불어 즐거하니

일대문장(一代文章) 만고풍류 지금까지 일렀으되

두 손님뿐이었지 절대가인 없었으니

언제나 다시 만나 소동파를 읊어볼까

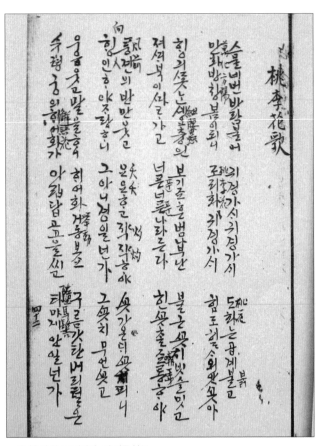

▲ 신재효가 쓴 「도리화가」의 서두 부분

신재효가 59세 때인 1870년 7월(음력)에 지은 작품이다. 이 노래의 '스물네 번 바람 불어'라는 구절을 통해 진채선은 당시 24세였던 것으로 추정할 수 있다. 이렇게 신재효는 「도리화가」를 통해 자신의 제자이면서 연인의 감정을 느꼈던 진채선에 대한 애틋하고 절절한 감정을 드러냈다. 이 「도리화가」는 돌고 돌아 서울에 있는 진채선의 귀에까지 들어갔다. 스승을 사모하던 진채선은 그 곡조가 단박에 스승의 작품임을 알아보고, 서도소리 「추풍감별곡(秋風感別曲)」으로 자신의 마음을 대변했다.

대원군이 1873년 실각해 양주에 은거하게 되자 진채선은 낙향 후 스승 신재효를 찾아본 뒤 김제로 내려가 판소리를 그만두고 근신했다. 그 후 스승의 임종을 지킨 후 사라졌고, 그 뒤 행방은 알려진 바가 없다고 한다.

고창소리박물관 이영일 학예연구사는 경복궁 낙성연 이후에 진채선이 지역 현감의 부름을 거부한 뒤 신재효에게 문제 해결을 요청한 사실을 담은 기록이 최근 발견되기도 했다며, 진채선은 경복궁 낙성연 이후에도 스승 신재효와 계속 함께 활동한 것일 수도 있다는 견해를 밝히기도 했다.

〈신재효는〉

신재효는 전라북도 고창 출신으로, 호는 동리(桐里)다. 신재효의 선대 조상은 서울에 살았고, 대대로 하급 무반직을 지냈다. 부친 신광흡(1771~1844)이 서울에서 고창의 경주인(京主人)을 하다가 고창으로 옮겨가 고창의 향리가 되었고 또한 관약방(官藥房)을 운영하였다.

▲ 신재효 초상

신재효는 고창에서 태어나 이방, 호장 등 고창의 향리를 역임했다. 1876년 이재민들을 대상으로 한 진휼을 위해 돈을 기부하였으며, 경복궁 중건에 원납전을 내어 1877년에 통정대부(通政大夫)의 품계와 '절충장군(折衝將軍) 행(行) 용양위(龍驤衛) 부호군(副護軍)'의 명예 직함을 받았다.

그가 "사나이로 조선에 생겨/ 장상댁(將相宅)에 못 생기고/ 활 잘 쏘아 평통할까/ 글 잘 한다 과거할까"라고 읊은 글귀를 보면 자신의 신분상 처지와 현실에 불만이 있었던 것 같다. 40세가 넘어서는 향리를 그만두고 동리정사(桐里精舍)에서 유유자적하며 판소리 연구와 창작에 열정을 쏟았다.

신재효는 한문을 배워 몇 편의 한시(漢詩)를 남기기도 했으나, 무엇보다 그의 두드러진 예술 활동은 판소리 관련 활동이다. 신재효가 판소리 사설 정리와 개작 등 판소리 관련 활동을 본격적으로 전개한 것은 향리의 직책에서 물러난 1860년 이후로 추정된다.

개인적인 취향 외에 그가 판소리에 특별한 관심을 갖게 된 계기로는 판소리가 발달한 호남 지역에서 나고 자랐다는 것, 특히 전라도 감영과 각 군현의 이서(吏胥)들이 관청에서의 각종 연회 때 판소리 창자들의 선발과 초청에 관여한 풍속 등을 들 수 있다. 나아가 그의 향리로서의 신분 의식도 판소리 사설 정리와 개작 활동의 계기가 되었으리라고 추정되고 있다.

중앙에서 파견된 수령의 밑에서 지방의 행정 실무를 맡은 향리는 양반 계층보다 낮은 신분이어서 관직 진출과 사회적 대우 등에서 큰 차별을 받았다. 신재효가 향리 생활을 했던 19세기 후반기는 부정부패와 관련하여 향리계층에 대한 사회적 인식이 급격히 악화된 때였다. 신재효는 이러한 향리에 대한 신분 제약과 사회적 인식에서 유발된 심리적 갈등을 판소리를 매개로 표출하고자 한 것으로 볼 수 있다.

판소리 사설 정리 및 개작, 판소리 단가 창작, 판소리 이론 탐구와 비평 활동, 판소리 창자 교육과 후원 등 신재효의 판소리 관련 활동은 판소리사에서 획기적인 의의를 지닌다.

첫째, 그가 정리·개작한 판소리 사설 여섯 마당은 비록 열두 마당 전부는 아니지만 개인에 의한 최초의 판소리 사설의 집대성이라 할 수 있다.

둘째, 그가 정리·개작한 사설들은 연행 현장에서 창으로 불리고 또 전승되지는 못했지만 부분적으로는 후대 명창들에 의해 수용되었다. '남창춘향가'의 서두 부분이 김창환, 정광수, 김소희 등에 의해 수용되었다. 임방울의 유명한 더늠이 된 「쑥대머리」의 사설 역시 「남창춘향가」에서 온 것이다.

셋째, 그가 정리·개작한 판소리 사설 여섯 마당은 판소리 사설의 역사적 변이를 판단할 수 있는 중요한 자료가 된다. 판소리 창본과 판소리계 소설의 성립 연대를 실증적으로 파악하기 어려운 상황에서 신재효의 판소리 사설은 비교적 그 정리·개작 연대가 분명해서 비교의 방법으로 여러 판소리 창본과 판소리계 소설의 성립 연대를 추정할 수 있다.

넷째, 그의 판소리 이론 정립과 비평 활동은 19세기 후반에 이르러 판

▲ 신재효의 '동리가(桐里歌)'를 새긴 '동리가비'. 신재효 고택 안에 있다.

소리가 판소리 비평 활동과 이론적 탐구를 필요로 할 만큼 성장했음을 말한다. 신재효가 그러한 필요에 선구적으로 부응했던 것이다. 『조선창극사』에 따르면 신재효와 같은 시기에 정춘풍이 판소리 비평으로 신재효와 쌍벽을 이루었다고 했다. 이 시기에 판소리 비평 활동이 판소리계 내부에서 부상하고 있었던 것이다.

다섯째, 그의 판소리 창자 교육과 후원 역시 판소리사에서 획기적인 일이다. 판소리 후원은 신재효 이전에도 있었고 이후에도 있었던 일이지만, 전문적인 판소리 창자가 아닌 인물이 교육까지 담당한 것은 신재효가 처음이다.

여섯째, 신재효가 진채선을 비롯한 여류 판소리 창자들을 교육한 것도 주목할 일이다. 기생이 판소리 창자로 전환하는 것은 자연스런 일이었고, 진채선 이전에 판소리를 부른 기생이 있었음은 안민영의 『금옥총부(金玉叢部)』에서 확인할 수 있으나 기생들을 판소리 창자로 교육한 것은 신재효가 처음이라 할 수 있다. 20세기에 여성 판소리 창자들이 대거 등장한 점에 비추어 보면 신재효의 여성 창자 교육은 선구적이라고 할 수 있다.

신재효는 독자적인 비평 의식에 입각하여 판소리 사설을 정리·개작했을 뿐만 아니라 판소리에 대한 독자적인 이론을 정립하였고 판소리 창자들을 교육하고 후원하였다. 신재효의 이러한 활동과 성과들은 19세기 후반기의 판소리계 동향을 이해하는 중요한 지표이자 성취이다.

3

김응서와 계월향

: 임을 위해 목숨을 내준 사랑

나는 황금의 소반에 아침볕을 받치고 매화가지에 새봄을 걸어서,
그대의 잠자는 곁에 가만히 놓아드리겠습니다.

독립운동가이자 승려와 시인으로 난세를 살았던 만해(萬海) 한용운(1879~1944)은 조선의 평양 명기 계월향(桂月香)의 애국충정을 위와 같이 기렸다. 계월향은 논개(論介)와 함께 대표적인 의기(義妓)로 꼽힌다. 임진왜란 중에 왜장을 처단하고 장렬하게 최후를 마친 조선 중기의 의로운 기녀로, 무신 김응서와의 사랑 이야기를 남기고 있다.

▲ 계월향의 초상화

김응서(1564~1624)는 임진왜란 때 명나라 이여송의 원군과 함께 평양성을 탈환하는 데 공을 세우고, 그 후 전라도병마절도사가 되어 도원수 권율의 지시로 남원 등지의 적을 토벌하는 등 전장에서 공을 세우고 여러 벼슬도 지냈다. 처음 이름이 응서(應瑞)이고 훗날 이름을 경서(景瑞)로 바꾸었다. 역사적 사실과 전해오는 야사를 엮어 이들의 이야기를 정리한다.

첫눈에 반한 무장과 기생

김응서는 1583년 무과에 장원으로 급제한 후 평안도방어사를 지내기도 했다. 김응서가 계월향을 처음 만난 것은 평안도방어사로 있을 때였다. 김응서는 나중에 길주목사(1615), 함경북도병마절도사(1616년), 평안도병마절도사(1618년)를 지냈다.

그리고 평양 기생 계월향은 자매처럼 친하게 지내던 동료 기생 채란과 평양8경 중 하나인 연관정으로 나들이를 가곤 했는데, 어느 날 그곳에서 무예를 익히던 김응서와 만나게 된다. 계월향은 신출귀몰한 칼솜씨며 대범하고 장부다운 그의 용모에 한눈에 반했다. 마침 연습을 끝낸 김응서가 한숨 돌리기 위해 나무 둥치에 앉아 주위를 둘러보던 중 어여쁜 기생 둘이 그를 바라보고 있는 것이 아닌가. 김응서는 계월향과 시선이 마주치는 순간 자신도 모르게 얼굴이 붉어졌다. 호기로운 사내대장부로 명성이 높은 그였지만 아리따운 계월향의 눈빛에 가슴이 떨려오기 시작했던 것이다.

그날 이후 두 사람은 곧 서로 사랑하는 사이가 되었다. 그리고 곧 계월향은 김응서의 애첩이 되어 그에게 일부종사를 다짐했다. 사랑을 맹세한 두 사람의 애정은 날이 갈수록 더욱 뜨겁게 타올랐다. 그러나 그런 사랑도 잠시, 곧이어 임진왜란이 발발하고 평양은 쑥대밭이 되어 갔다.

곳곳에서 의병이 일어나고 방어선을 지키느라 고군분투했지만 들리는 것은 패전의 소식뿐이고, 평양성 함락은 시간문제가 되었다. 김응서 역시 대군을 이끌고 진격해 오는 왜군을 막기 위해 전력을 다했으나 전운은 점점 비극적인 양상으로 치닫고 있었다.

하루는 어렵게 자리를 마련해 계월향과 김응서가 마주 앉았다. 패전으로 침통한 김응서는 결국 울분을 터트렸다.

"외적의 침략에 목숨을 걸고 저항하며 민족과 강토를 수호하려고 했건만 중과부적이니 침통할 뿐이오. 백성은 죽어가는데 선조 임금은 의주로 피난을 가셨으니 이게 다 당파싸움만 하며 내분을 일으킨 조정 대신들을 잘못 둔 탓이 아니겠소."

계월향은 수척해진 그의 얼굴을 두 손으로 어루만지며 안타까워했다.

"소첩은 정치는 모르오나 나으리 말씀이 백 번 옳습니다. 그러나 포기하지 마십시오. 백성들이 모두 나서서 나라를 구하고자 목숨을 아까워하지 않으니 승리의 날이 곧 올 것이옵니다."

계월향의 따뜻한 위로는 그나마 힘이 되었다. 김응서가 다시 결연히 말을 이었다.

"그러나 중요한 것은 평양성 함락이 머지않다는 점이오. 전세가 이 지경이니 당신은 빨리 피난 갈 준비를 하구려. 그리고 지금으로서는 왜군의 사기를 꺾어 전세를 뒤집는 길은 적장의 머리를 자르는 것뿐이오. 나는 결단코 그 목을 베어 평양성을 지킬 것이오."

전화의 불길 속에서도 꺾이지 않는 김응서의 용맹을 바라보는 계월향의 가슴은 미어질 것만 같았다. 그 용맹이 자랑스러우면서도 사랑하는 정인을 전란 속에 보내야 하는 여인의 마음이 오죽했으랴.

시간이 지날수록 왜적의 여세는 더욱 거세어져 결국 계월향은 채란과 함께 피난길을 떠나야 했다. 그러나 평양을 빠져 나가다가 채란은 왜병에게 겁탈 당한 후 피살되고, 계월향은 몸을 지키기 위해 장도로 잡병을 죽이고 달아났지만 끝내 잡히고 말았다. 그때가 1592년 6월이었다. 왜군은 이미 평양성을 점령해 승리에 도취돼 있었다. 오랜 전쟁으로 여자에 목말라 있던 왜군들은 계월향의 아름다운 미모를 보자 왜군 대장인 고니시 히(小西飛)의 진영으로 그녀를 생포해 갔다. 고니시 히는 임진왜란 당시 왜군의 선봉장이던 고니시 유키나가(小西行長)의 부장이었다.

두 사람이 공모해 왜장의 목을 자르고

함락된 평양성에는 포로로 잡힌 백성들과 왜군의 잔혹한 살육행위로 희생된 수많은 시체들이 즐비했다. 계월향은 참혹한 전란 뒤에 남은 패전의 흔적을 바라보며, 가엾게 죽은 채란과 생사를 알지 못하는 김응서에 대한 안타까움으로 애가 탈 뿐이었다.

계월향을 본 고니시 히는 그 미색에 반해 그녀를 가까이 두려 했다. 하지만 계월향은 싸늘히 그를 거부했다. 그러나 그 순간 소서비의 음흉한 웃음소리와 겹쳐 김응서의 음성이 환청처럼 계월향의 뇌리를 스치고 지나갔다.

"왜군의 사기를 꺾어 전세를 뒤집는 길은 적장의 머리를 자르는 것뿐이오."

계월향은 입술을 지그시 깨물더니 마음을 바꾸어, 냉정한 웃음을 거두어들이면서 그에게 다가가 교태를 부리기 시작했다. 이미 죽기를 각오한 계월향은 적절한 계략을 세워 적장을 죽이기로 결심한 것이다.

평양성이 함락된 후 조선의 원병 요청에 따라 명나라 군사가 압록강을 건너와 큰소리치며 평양성에 입성했으나 매복한 왜군의 기습을 받아 대패하고 겨우 잔병만 수습해 퇴각했다. 8월에 들어 왜군의 동태를 살피던 조선 군대는 2만 병력으로 평양성을 공격했으나 일진일퇴를 거듭하며 교착상태를 벗어나지 못했다. 12월에는 왜군이 예상보다 강하다는 사실을 안 명나라가 다시 이여송이 이끄는 4만 8천여 명의 군대를 파병했다.

이런 가운데 김응서는 용강, 강서 등에서 흩어진 군사를 모집하여 평양성 밖 대동강 서편에서 진을 치고 평양 수복의 기회를 노리고 있다가 계월향이 포로가 되었다는 소식을 듣게 된다. 분노로 치를 떨며 기회를 엿보던 김응서는 날마다 평양성 서문 쪽으로 가서 왜군의 거동을 정찰하며 평양성 탈환의 작전을 세웠다.

그리고 이때 이미 고니시 히의 애첩 노릇을 하며 신임과 사랑을 듬뿍 받아 놓은 계월향은 성 밖에 김응서의 군대가 있다는 사실을 알고는 미리 세워둔 계획을 실천하기로 했다. 며칠 후 계월향은 고니시 히에게 같이 연을 날리고 싶다고 청하여 서문으로 그를 유인했다. 때마침 김응서가 정찰을 하며 그곳을 지나는 것을 본 계월향은 계략을 펼쳤다.

"장군님, 저기 지나는 이가 제 오라버니이옵니다. 이번 난으로 서로 헤어졌는데 이곳에서 보게 되었으니 부디 한 번만 만나게 해주십시오."

이미 성 밖의 김응서와 은밀하게 내통하여 적장을 죽이고 평양성을 되찾자고 편지를 보내 자신의 계획을 알린 계월향은 적장을 향해 눈물 흘리는 시늉을 했다. 그녀의 매혹적인 모습에 푹 빠져 정신을 차리지 못하는 고니시 히였으나, 그가 순간 매서운 눈으로 바라보자 계월향은 등골이 오싹해지고 머리가 곤두서는 것 같았다. 그러나 두려움을 떨쳐내고 그윽하면서도 슬픈 눈빛으로 그의 시선을 담담하게 받아냈다. 이윽고 고니시 히는 의심을 풀고 계월향의 청을 받아들여 김응서도 성 안에 같이 있도록 허락했다.

얼마 후 성 안에서 큰 잔치가 벌어졌다. 드디어 계획대로 작전을 벌일 결정적인 날이 찾아온 것이다. 계월향은 다른 때보다 애교를 더 부려가며 왜장의 마음을 허술하게 풀어 놓고 계속 술을 권했다. 계월향의 의중을 전혀 알지 못하는 왜장은 그녀가 주는 대로 술을 마시고 또 마셨다. 이윽고 만취한 왜장은 세상모르고 곯아떨어졌다. 그녀는 안팎의 동태를 살핀 뒤 김응서를 불러들였다. 드디어 결단의 순간이 온 것이다.

바람처럼 몰래 들어온 김응서는 칼을 뽑아 힘껏 내리쳐 단숨에 왜장의 머리를 베어 처단하였다. 성 밖의 군사들은 때를 놓칠세라 평양성을 탈환하기 위해 공격해 들어오기 시작하고 여기저기 함성이 들끓기 시작했다.

계월향과 김응서는 왜장을 처단하고 서둘러 몸을 피하려 했지만, 함정에 빠져 우두머리를 잃어버린 사실을 뒤늦게 알게 된 왜병들이 두 사람을 뒤쫓기 시작했다. 성을 채 빠져나가기도 전에 발각된 두 사람은 왜군에게 겹겹이 포위되고 있었다. 더군다나 도망 중에 다리를 다친 계월향이 김응서의 등에 업혀 있던 터라 더 속력을 낼 수도 없었다. 김응서는 마음이 초조했다. 이러다가는 평양성 탈환을 보기도 전에 둘 다 잡혀 처단당할 것이 분명했다.

적에게 몰린 계월향은 자결하고

계월향이 김응서의 등에서 몸을 빼어 땅으로 내려왔다. 땀으로 얼룩진 김응서가 놀라 뒤돌아보니 이미 계월향은 장도를 높이 쳐들며 의연하게 소리쳤다.

"나으리는 어서 몸을 피해 나라를 구하십시오."

김응서의 눈이 절망으로 더욱 커졌다.

"무슨 소리냐? 어찌 너를 두고 나 혼자 목숨을 건진단 말이냐?"

그러나 계월향의 결심은 단호했다.

"나으리는 대장부가 아니십니까? 어찌 이 같은 인연에 연연해하십니까? 저는 어차피 왜놈에게 더럽혀진 계집입니다. 이미 죽은 것이나 다름 없으나 나라를 살리는 데 보탬이 되겠다는 명분으로 지금껏 목숨을 버텨 왔습니다. 이제 소첩의 소임은 여기가 끝입니다. 제발, 목숨을 부지하시어 승리를 거두십시오."

"월향아…"

적의 추격이 점점 가까워지는 소리가 계월향의 귀를 스쳤다. 순간, 그녀는 높이 쳐든 장도를 자신의 배를 향해 힘껏 내리꽂았다. 김응서는 눈물이 솟구쳤다. 자신을 탈주시키기 위해 자결한 계월향을 한 번 안아보지도 못한 채 그는 한 걸음이라도 빨리 성 밖으로 빠져나가야 했다. 그 마음이 어떠했겠는가.

한편 왜군은 이렇게 장수를 잃어버리자 대혼란에 빠지고 마침내 이듬해 1월 평양성은 다시 수복되었다. 적장의 죽음으로 크게 놀란 왜군은 사기가 떨어지고 기세가 꺾여 오래 맞서지 못한 채 퇴각한 것이다.

계월향의 최후에 대해서는 다르게 묘사한 기록도 있다. 1815년에 그려져 평양 장향각(藏香閣)에 모셔졌던 계월향 초상화 상단에 '의기 계월향(義妓 桂月香)'이란 제목으로 기록된 내용이다.

"고니시 히라는 뛰어난 장수가 평양성에 먼저 올라 우리 진을 함락시키니, 고니시 유키나가가 그를 중히 여겨 위임을 했다. 평양부 기생 계월향은 고니시 히에게 잡힌 뒤 귀여움을 지극히 받았지만 성을 빠져나가고자 했다. 그는 무관이던 김경서 장군을 친오빠라고 속여 평양성 안으로 불러들였다. 어느 날 밤, 왜장이 깊이 잠들자 김 장군을 장막으로 몰래 들어오게 했다. 김 장군은, 양 허리에 찬 칼을 손에 쥔 채 의자에 앉아 두 눈을 부릅뜨고 잠을 자던 왜장의 목을 벴다. 목이 땅에 곤두박질쳤는데도 왜장이 쌍칼을 던지니 하나는 벽에, 다른 하나는 기둥에 꽂혔다. 두 사람 모두 성을 빠져나가고자 했으나 둘 다 무사하지 못할 것을 알게 되자 (계월향의 청으로) 김 장군이 칼을 뽑아 계월향을 죽이고 성을 빠져나갔다. 이튿날 적군은 왜장의 죽음을 알고 기가 꺾이고 형세가 크게 위축됐다."

임진왜란 때 평양성을 지키고, 우의정과 좌의정 등을 지낸 윤두수(1533~1601)가 지은 『평양지(平壤誌)』에는 다음과 같은 기록이 있다고 한다.

"이때 고니시 유키나가의 부장(副將)으로 용력이 절등한 사람이 있으니 언제나 앞장서서 진을 함락시켜 유키나가가 소중히 여기고 일을 맡겼다. 평양 기생 계월향이 그에게 잡혔는데 지극히 사랑을 받아 벗어나려 해도 벗어날 수 없었다. 서문에 가서 친척을 보고 오겠다고 하니 왜장이 허락했다.

계월향이 성 위에 올라 '우리 오빠 어디 있소.' 하고 연거푸 슬피 부르기를 그치지 않았다. 응서가 답하고 가니 계월향이 '만약 나를 탈출하게 해준다면 죽음으로 은혜를 갚겠소.' 했다. 응서가 허락하고 계월향의 친오빠라 자칭하고 성에 들어갔다.

밤중에 왜장이 깊이 잠든 틈을 타서 계월향이 응서를 인도하여 장막 안으로 들어가니, 왜장이 걸상에 앉아서 자는데 두 눈을 부릅뜬 채 쌍검(雙劍)을 쥐고 얼굴을 벌겋게 해가지고 마치 사람을 내리칠 것 같았다. 응서가 칼을 빼어 왜장을 베니 머리는 벌써 땅에 떨어졌는데도 칼을 던져 하나는 벽에 꽂히고, 하나는 기둥에 꽂혀 칼날이 반이나 들어갔다.

응서가 왜장의 머리를 가지고 문을 뛰쳐나오니 계월향이 뒤를 따랐다. 응서가 둘 다 목숨을 보전하기 어려울 것을 짐작하고 칼을 휘둘러 베고 한 몸으로 성을 넘어왔다. 이튿날 새벽에 적이 그 장수의 죽음을 알고 크게 놀라 소란을 피우며 사기를 잃었다."

성해응(1769~1839)의 문집인 『연경재전집(研經齋全集)』에는 다음과 같이 전한다.

"계월향은 평양 기생이다. 임진년에 왜적이 평양성을 점령하였을 때 별장 김응서가 용강, 삼화, 증산, 강서의 네 읍의 군(軍)으로 평양의 서쪽에 20여 진지를 설치했다. 왜군의 우두머리인 고니시 유키나가의 부장이었던 자는 용맹하여 맨 먼저 성벽에 올라가서 진을 함락시켰고, 계월향을 얻어 그녀를 무척 사랑했다.

그 우두머리가 거처하는 누각(樓閣)은 깊은 곳에 있고 방어가 무척 견고하였으며, 사람들을 통제해 들어갈 수 없었고, 오직 계월향만 출입할 수 있었다. 그때 심유경이 왜군 진영에 들어가 고니시와 조약을 맺어 평양 서쪽 십리에 표를 세워 조선의 경계를 침범하지 못하게 하였고, 이로 말미암아 왜군이 병력을 거두고 제자리를 지키고 있었다. 우리나라 사람들은 평양성을 왕래할 수 있었다. 계월향은 비록 왜적 우두머리의 사랑을 받았지만 어떻게든 도망갈 생각을 갖고 있었다. 그래서 우두머리에게 청하여 부모님을 방문하고 싶다고 했고, 우두머리는 허락했다.

즉시 성루에 올라가 '내 오라버니는 어디 계시오?' 하고 외쳤다. 응서는 마침 왜군을 정찰하러 성 아래에 와 있었다. 그 소리를 듣고 '나다.'라고 대답하였고, 계월향이 그를 맞아들여 은밀히 '공께서 나를 탈출시켜 주신다면 죽음으로써 보답하겠소.' 하고는 그를 이끌어 성으로 들어가서 왜군 우두머리에게 보였다. 왜군 우두머리는 응서를 계월향의 오빠로 생각하고 무척 친하게 여기며 신뢰하게 되었다.

계월향은 왜군 우두머리가 잠든 것을 틈타 몰래 응서를 끌어들였다. 왜군 우두머리는 의자에 걸터앉아 자는데, 얼굴을 붉히고 눈을 부릅뜬 채 왼손으로는 방울 끈을 잡고 오른손으로는 사람을 베려는 듯 칼을 잡고 있었다. 응서가 그를 베었다. 우두머리는 죽었으나 방울 끈이 움직였고 검이 땅에 떨어져서 땅에 여러 자(尺)의 구멍이 뚫렸다. 마침내 왜군들이 방울 소리를 듣고 시끄러워졌다. 계월향이 (그들을) 맞아서 말하기를 '장군이 취한 것일 뿐 다른 일이 아니다.'라고 하니 그제야 왜군들이 물러났다. 웅서는 우두머리의 머리를 차고 나가려 했고, 계월향은 옷을 잡아끌며 그를 따랐다. 웅서는 둘 다 온전하게 되지 못할 것을 헤아리고 곧 계월향을 베었다. 성을 넘어 군에 도착해서 그 머리를 높이 걸어 왜군들에게 보였다. 왜군들이 그로 말미암아 기세가 움츠러져 감히 나오지 못했다."

평양에 세워진 계월향 순절비

왜장 고니시 히를 처단하고 자신은 배를 갈라 장렬하게 최후를 마친 계월향의 애국충정은 백성들의 마음속에 고이 간직되었다. 전쟁이 끝난 후 그녀가 배를 갈랐다는 고개는 '배를 가른 고개'라 하여 '가루개'라 부르고, 그 일대는 '월향마을'이라 불리게 되었다.

평양 사람들은 모란봉 기슭에 계월향의 순절과 충열정신을 기리기 위한 사당 '의열사(義烈祠)'를 건립하고 비석을 세웠다. 그 전에도 사당과 비석이 있었는지 모르겠지만, 1835년에 평안감사로 있던 정원용(鄭元容)이 비문을 짓고 김응근이 써서 세운 '의열사의기계월향비문(義烈祠義妓桂月香碑文)'에는 다음과 같은 내용이 새겨져 있다.

"정원용이 평안감사로 와서 늙은 기생 죽섭(竹葉)으로부터 의기 계월향의 이야기를 듣고 사적을 들추어 자세한 것을 살피니 그의 공이 크기에 사당과 비석을 건립하고 춘추로 제향하게 했다."

이후 북한은 1955년 가루개 일대를 포함하는 지역을 통합해 '월향동'이라 개칭했다. 만해(萬海) 한용운은 훗날 「계월향에게」라는 시로 그녀의 넋을 위로한다.

계월향(桂月香)이여,

그대는 아리따웁고 무서운 최후의 미소를 거두지 아니한 채로 대지(大地)의 침대에 잠들었습니다.

나는 그대의 다정(多情)을 슬퍼하고 그대의 무정(無情)을 사랑합니다.

대동강에 낚시질하는 사람은 그대의 노래를 듣고

모란봉에 밤놀이하는 사람은 그대의 얼굴을 봅니다.

아이들은 그대의 산 이름을 외우고

시인은 그대의 죽은 그림자를 노래합니다.

사람은 반드시 다하지 못한 한(恨)을 끼치고 가게 되는 것이다.

그대는 남은 한이 있는가 없는가, 있다면 그 한은 무엇인가.

그대는 하고 싶은 말을 하지 않습니다.

그대의 붉은 한(恨)은 현란(絢爛)한 저녁놀이 되어서

하늘길을 가로막고 황량한 떨어지는 날을 돌이키고자 합니다.

그대의 푸른 근심은 드리고 드린 버들실이 되어서

꽃다운 무리를 뒤에 두고 운명의 길을 떠나는 저문 봄을 잡아매려 합니다.

나는 황금의 소반에 아침 볕을 받치고 매화(梅花)가지에 새봄을 걸어서

그대의 잠자는 곁에 가만히 놓아 드리겠습니다.

자 그러면 속하면 하룻밤, 더디면 한겨울, 사랑하는 계월향이여.

계월향이 남긴 작품으로 「송인(送人)」이라는 시가 전한다. 김응서와 관련된 작품인지는 모르겠다.

대동강 가에서 정든 임 보내니	大同江上送情人
천 개의 버들가지로도 우리 임 매어두지 못하네	楊柳千絲不繫人
눈물 머금은 채 서로 마주 보며	含淚眼着含淚眼
애간장 끊어지는 슬픔을 삼킬 뿐이네	斷腸人對斷腸人

4

사마상여와 탁문군

: 가난한 선비와 부호 딸의 드라마 같은 사랑

아름다운 낭자가 규방에 있으나
방은 가까워도 사람은 멀어 애간장이 타는구나
어떤 인연이면 그대와 한 쌍의 원앙이 되어
함께 저 높은 하늘을 날 수 있을까

사마상여가 탁문군을 유혹하며 지어 부른 노래 「봉구황(鳳求凰)」의 일부다. 자신을 봉(鳳)
에, 탁문군을 황(凰)에 비유하며 서로 마음껏 사랑할 수 있기를 바라는 마음을 담고 있다.
중국에서 가장 아름다운 사랑 이야기로 꼽히는 사마상여와 탁문군의 이야기다.

가난한 선비, 부호의 딸에게 구애하다

전한(前漢) 시대 문인인 사마상여(司馬相如·기원전 179~117)는 쓰촨성 청두(成都)에서 태어났는데, 어려서부터 글재주가 뛰어났다. 뛰어난 문인인 그는 처음에 재물을 관에 기부하고 한나라 황제 경제(景帝)를 섬기며 벼슬을 했지만, 경제가 문학을 좋아하지 않았기에 자신의 뜻을 펼치지 못했다. 반면에 경제의 아우인 양(梁)나라 효왕(孝王)은 문인을 우대하였다. 그래서 한나라의 관직을 내놓고 양나라로 갔다. 하지만 얼마 지나지 않아 효왕이 죽자 고향으로 돌아가 가난하고 궁핍한 생활을 하고 있었다.

어느 날 친하게 지내던 쓰촨성 린충(臨邛)의 현령인 왕길(王吉)이 찾아와 같이 지낼 것을 요청했고, 그래서 사마상여는 성안에 들어가 도정(都亭)에 머물게 되었다. 왕길이 다스리는 성 안에는 부자가 많았는데, 그중 탁왕손(卓王孫)은 노비가 800명이나 되었다.

사마상여가 왕길 덕분에 린충에서 머무르고 있을 때, 린충의 대부호 탁왕손이 베푸는 연회에 초대를 받았다. 사마상여는 탁왕손의 연회에 주빈으로 초대받고 병을 이유로 거절했으나 현령이 직접 찾아와 같이 갈 것을 요청해 할 수 없이 따라나서게 되었다. 탁왕손의 집에는 용모가 아름답고 문재도 뛰어나며 악기까지 잘 다루는 딸 탁문군(卓文君)이 있었다.

"문군은 용모가 아름다웠다. 눈썹은 마치 먼 산을 바라보는 것 같았고, 뺨은 마치 연꽃과 같았으며, 살과 피부는 부드럽고 윤기가 도는 것이 부용과 같아 열일곱 나이보다 앳되어 보였다."

文君姣好 眉色如望遠山 臉際常若芙蓉 肌膚柔
滑如脂 十七而寡

탁문군의 미모를 묘사한 이 글에서 중국 미인
의 조건인 '먼 산을 바라보는 듯한 둥근 눈썹(遠山
眉)' '연꽃같이 붉은 뺨(蓮花頰)' '부용같이 부드러
운 피부(芙蓉膚)'라는 말이 나왔다. 탁문군은 열여
섯되던 해 부친의 동업자 아들과 결혼했으나 오래
가지 못했다. 채 몇 개월이 되지 않아 남편이 죽자
그녀는 17세라는 나이에 청상과부가 되어 친정에
와 머물고 있었다.

▲ 사마상여와 사랑을 나눈 탁문군 모
습을 그린 그림

사마상여는 이런 탁문군에 대해 소문을 듣고
알고 있었다. 왕길과 탁왕손이 당대 문장가요, 연주가로 이름 높은 사마
상여에게 한 곡을 청하자 사마상여는 그녀의 마음을 얻기 위해 「봉구황
(鳳求凰)」을 지어 부르며 거문고를 연주했다. 탁문군을 유혹하는 노래다.

봉(鳳)이여, 봉이여 고향에 돌아왔구나	鳳兮鳳兮歸故鄉
니(凰)를 찾아 사해를 헤맸지만	遨遊四海求其凰
때를 못 만나 뜻을 이루지 못했는데	時未遇兮無所將
오늘 밤에 이 집에 올 걸 어찌 알았겠는가	何悟今夕升斯堂
아름다운 낭자가 규방에 있으나	有艷淑女在閨房

방은 가까워도 사람은 멀어 애간장이 타는구나	室邇人遐毒我腸
어떤 인연이면 그대와 한 쌍의 원앙이 되어	何緣交頸爲鴛鴦
함께 저 높은 하늘을 날 수 있을까	胡頡頏兮共翱翔

황(凰)아, 황아 나에게 깃들어	凰兮凰兮從我棲
꼬리를 맞대고 오래오래 사랑 나누어보세	得托孳尾永爲妃
정 나눠 몸과 마음 하나 되어	交情通體心和諧
밤늦도록 서로 따른들 누가 알겠는가	中夜相從知者誰
두 날개 활짝 펴고 하늘 높이 날아올라	雙翼俱起翻高飛
더는 나를 슬프게 하지 마오	無感我思使余悲

함께 야반도주한 두 사람

탁문군 또한 어릴 때부터 음률을 알기에 사마상여의 「봉구황」을 듣고 바로 그 뜻을 알아챘다. 그녀는 모든 면에서 출중한 사마상여의 매력에 빠지게 되었다. 그날 밤 사마상여에 대한 연모의 정을 더 이상 참지 못한 탁문군은 상여를 찾아가 서로의 사랑을 확인했다. 17세의 탁문군과 30대 중반의 상여는 밤을 새우며 사랑을 나눴다.

하지만 대부호의 외동딸과 가난한 문학가의 사랑은 현실적으로 이루어지기 어려운 것임을 안 두 사람은 모두가 잠든 틈을 이용해 사마상여의 고향인 청두로 야반도주를 하게 되었다. 탁문군과 사마상여가 말을 타고 달려 쓰촨성 청두로 돌아왔으나 그 집은 너무나 빈한했다. 집에 있는 것이라고는 네 벽뿐이었다. '가도사벽(家徒四壁)'이라는 고사성어가 여기서 나왔다. 집안 형편이 빈한한 것을 비유하는 말인데 '가도벽립(家徒壁立)'이라고도 한다.

『사기(史記)』중 「사마상여열전(司馬相如列傳)」에 다음과 같은 구절이 있다.

"탁문군이 밤에 사마상여에게로 도망쳐 나오자 사마상여는 탁문군과 함께 말을 타고 달려 청두로 돌아왔는데, 집안에는 아무것도 없이 네 벽만 세워져 있었다."
文君夜亡奔相如 相如馬馳歸成都 家徒四壁立

탁왕손은 자기 딸이 다른 사람과 함께 달아났다는 것을 알고는 크게 화가 났다. 그리고 주위 사람들에게 "딸은 정말 쓸모가 없구나. 나의 딸이라서 죽이지는 않겠지만, 못난 딸에게 한 푼의 돈도 주지 않겠다."고 말했다.

사마상여는 원래 가난한 데다가 탁문군까지 같이 있으니 청두에서의 생활은 극도로 어려울 수밖에 없었다. 탁문군의 요청으로 다시 린충으로 돌아와서 살 궁리를 하다가, 탁문군이 어디서 구한 돈으로 조그만 주점을 하나 차리게 되었다. 가난해도 사마상여를 진정으로 사랑한 탁문군은 직접 손님을 접대하며 술을 팔았고, 사마상여도 허드렛일을 하고 설거지를 하며 술장사를 도왔다.

이 소식이 탁왕손에게 전해지자 그는 화가 나 노발대발했다. 그러나 야반도주한 딸에 대한 배신감으로 딸에게는 돈을 한 푼도 주지 않기로 한 것도 있고 해서, 이러지도 저러지도 못하면서 속으로 끙끙 앓기만 했다. 그러던 중 하루는 친한 벗이 찾아와 그에게 충고를 했다.

"자네가 딸에게 돈을 주지 않아서 딸이 주막을 하고 있는데, 그건 자네의 체면도 잃게 하는 게 아닌가. 사정이 어떠하든 자네 딸임은 부인할 수 없으니 딸에게 돈을 주게나. 그러면 모든 문제가 해결될 것 아닌가?"

이 말을 들은 탁왕손은 못 이기는 척하며 딸에게 많은 돈과 100명의 노비, 옷, 이불, 패물 등을 주어 주점을 거두게 하였다. 그래도 딸과 사위의 내왕을 허락하지는 않았다. 둘은 탁왕손의 도움으로 청두에 집과 논밭을 장만하고 노비까지 부리며 살게 되었다.

백발이 되도록 헤어지지 말아야 하는데

후에 한무제가 즉위한 뒤 어느 날 우연히 사마상여가 지은 「자허부(子虛賦)」를 읽게 되었다. 한무제는 글을 읽고는 감탄하며 "누가 지었는지 문재가 가히 선인의 경지에 이르렀구나. 짐이 이 사람과 같은 시대에 살지 못하다니 참으로 통탄스럽구나(朕獨不得與此人同時哉)."라고 탄식했다. 그러자 양득의(楊得意)라는 사람이 옆에 있다가 그 글을 쓴 사람은 자신과 같은 고향 사람이라며 잘 안다고 말했다. 한무제는 반가워하며 사마상여를 불러들여 만나보았다. 그리고 그의 재능을 높게 사서 그를 중랑장(中郎將)에 임명하며 중용했다. 이후 사마상여는 한무제의 사랑을 받아 벼슬도 점점 높아졌다.

사마상여는 모든 일이 잘 풀려가고 배가 불러지자 탁문군에 대한 사랑도 식어, 첩을 새로 들이려고 했다. 무릉(茂陵) 땅의 여자를 첩으로 맞으려 한 것이다. 이 사실을 알게 된 탁문군은 사마상여를 원망하면서 「백두음(白頭吟)」이라는 시 한 편을 지어 상여에게 주면서 헤어지자고 했다.

희기는 산 위의 눈과 같고	皚如山上雪
밝기는 구름 사이의 달과 같네	皎若雲間月
듣자니 그대 두 맘이 있다 하여	聞君有兩意
일부러 와서 이별을 고하려 하네	故來相訣絶
오늘은 말술을 함께 마시겠지만	今日斗酒會
내일 아침엔 도랑 물가에 서 있겠지	明旦溝水頭
궁궐 도랑 위를 걸으니	躞蹀御溝上
도랑물은 동과 서로 흐르네	溝水東西流
처량하고 또 처량하구나	凄凄復凄凄
결혼하면 모름지기 울지 않아야 하건만	嫁娶不須啼
원컨대 한 마음 지닌 사람 만났으면	願得一心人
백발이 되도록 헤어지지 말아야 하는데	白頭不相離
낚싯대는 어찌 그리 하늘하늘하고	竹竿何嫋嫋
물고기 꼬리는 어찌 그리 팔딱일까	魚尾何簁簁
남자는 의기가 중한데	男兒重意氣
어째서 돈을 위해 써버리는가	何用錢刀爲

사마상여는 탁문군이 전한 이 「백두음」을 읽은 후 첩에 대한 망상을 버리게 되고, 두 사람은 다시 사랑을 되찾아 잘 살았다. 기원전 117년 사마상여는 사망하고, 탁문군은 홀로 늙어갔다. 지금 중국의 쓰촨성 공협현 성내에는 문군공원(文君公園)이 있고, 경내에 문군정(文君井)이라는 우물이 있다. 이 문군정이 당시 사마상여와 탁문군이 주점을 차렸을 때 사용하던 우물이라고 전한다.

〈사마상여는〉

사마상여는 쓰촨성(四川省) 청두(成都)에서 출생했다. 어릴 때부터 글 읽기와 칼싸움을 다 좋아했던 그는 특히 부(賦)를 짓는데 뛰어난 전한(前漢) 시대의 걸출한 문인이다.

처음에 재물을 관에 기부하고 시종관이 되어 한나라 황제 경제(景帝)를 섬겼으며, 무기상시(武騎常侍)가 되었으나 경제가 문학을 좋아하지 않아 자신의 뜻을 펼치지는 못했다. 반면 경제의 아우인 양(梁)나라 효왕(孝王)은 문인을 우대했다. 가끔 효왕은 문인들을 거느리고 사신으로 왔는데, 사마상여는 그것을 부러워하여 한나라의 관직을 내놓고 양나라로 갔다. 하지만 얼마 안 되어 효왕이 죽자 고향으로 돌아가 가난하고 궁한 생활을 하며 「자허부(子虛賦)」를 지었다.

뒷날 「자허부」가 한나라 무제(武帝)의 상찬(賞讚)을 받은 것이 동기가 되어 다시 시종관으로서 무제를 섬기게 되었다. 그 뒤로 사부(辭賦)를 지어 동방삭(東方朔), 매고(枚皐), 엄조(嚴助) 등과 함께 무제의 사랑을 받았다. 무제가 서남을 개발할 때 진언한 것이 인정받아 중랑장(中郎將)으로서 임무를 수행했다. 한때 실직한 일도 있으나, 다시 부름을 받아 효문원령(孝文園令)이 되었다.

그가 지은 부(賦)는 29편이었다고 『한서(漢書)』에 기재되어 있으나, 지금 남아 있는 것은 「자허부」를 비롯해 4편 정도다. 그의 문학은 부가 가장 아름답고 뛰어났다. 특징은 사물을 따르기보다 상상의 분방(奔放)함에, 간결하기보다 다변적(多辯的)인 데 있다. 어휘는 세련되었고 구절은 균제를 존중하며 화려하다.

대표작 「자허부」 및 그 후편 「상림부(上林賦)」는 자허(子虛), 오유선생(烏有先生), 망시공선생(亡是公先生) 등 세 명의 가공인물의 사(辭)를 빌어 천자제후(天子諸侯)의 원유(苑囿)와 수렵의 호화로움을 논한 뒤 군주가 절검(節儉)에 유의하여야 함을 설명하는 풍간(諷諫)의 내용을 담고 있다.

▲ 사마상여와 탁문군이 주점을 차렸을 때 사용했던 우물인 문군정(중국 쓰촨성 공협현 문군공원 내)

선비와 기생

〈선비는〉

학식과 인품을 갖춘 사람에 대한 호칭으로 사용하는데, 특히 유교이념을 구현하는 인격체 또는 신분계층을 지칭했다. 선비는 한자어 '사(士)'와 같은 뜻을 갖는다. 어원적으로 보면 '어질고 지식이 있는 사람'을 뜻하는 우리말 '선'에서 왔다고 한다. 한자어 '사'는 지식과 인격을 갖춘 인간으로 이해될 수 있고, 우리말의 선비와도 뜻이 통한다. 원래 하나의 신분계급을 지칭했으나, 춘추전국시대에 공자와 맹자를 중심으로 유교사상이 정립되는 과정에서 그 성격이 관직과 분리되어 인격의 측면이 뚜렷하게 드러나게 되었다.

공자와 그의 제자들은 자신을 '사'의 집단으로 자각했다. 그들은 관직을 목적으로 추구한 것이 아니라 도(道)를 실행하기 위한 수단으로 보았기 때문에, 유교이념을 실현하는 인격체로서의 '선비' 개념을 확립한 것이다.

공자는 도에 뜻을 두어 거친 옷이나 음식을 부끄러워하지 않는 인격을 선비의 모습으로 강조했다. 제자인 자공(子貢)에게 "자신의 행동에 염치가 있으며 외국에 사신으로 나가서 임금의 명령을 욕되게 하지 않으면 선비라 할 수 있다."라고 말했다.

선비의 인격적 조건은 생명에 대한 욕망도 초월할 만큼 궁극적인 것으로 제시된다. 공자는 "뜻 있는 선비와 어진 사람은 살기 위하여 어진 덕을 해치지 않고 목숨을 버려서라도 어진 덕을 이룬다."고 했다.

증자(曾子) 또한 "선비는 모름지기 마음이 넓고 뜻이 굳세어야 할 것이니, 그 임무는 무겁고 갈 길은 멀기 때문이다. 인(仁)으로써 자기 임무를 삼았으니 어찌 무겁지 않으랴. 죽은 뒤에야 그칠 것이니 또한 멀지 않으랴."라며 인(仁)의 덕목을 강조했다.

자장(子張)은 "선비가 위태로움을 당하여서는 생명을 바치고, 이익을 얻게 될 때에는 의로움을 생각한다."고 하며 의로움(義)의 덕목을 강조하였다. 맹자는 "일정한 생업이 없이도 변하지 않는 마음을 갖는 것은 선비만이 할 수 있다."고 하며 지조를 선비의 인격적 조건으로 꼽고 있다.

이처럼 '사'는 신분계급적 의미를 넘어 유교적 인격체로 파악되고 있으며, 선비는 유교이념을 담당한 인격체라는 뜻에서 '유(儒)'로도 쓰인다.

'사'를 신분적 의미에서 보면 바로 위의 계급인 '대부'와 결합하여 '사대부(士大夫)'라 부르고, 인격적 의미에서 보면 유교적 인격체인 군자(君子)의 호칭과 결합하여 '사군자(士君子)'로 부르기도 한다. 유교의 인격개념에서도 계층적 단계를 엿볼 수 있다. 주돈이(周敦頤)는 "사는 현인을 바라고, 현인은 성인을 바라고, 성인은 하늘을 바란다."고 말했다.

역사적 유래

　삼국시대 초기부터 유교문화가 점차 폭넓게 받아들여지게 되자, 유교적 인격체인 선비의 덕성에 관한 이해가 커졌다. 이 시대에는 봉건 신분계층으로 '사'의 계급이 형성된 것은 아니지만 유교이념의 인격으로 '사'가 받아들여졌다. 삼국사회가 발전함에 따라 '사'의 활동도 점점 뚜렷해진다.

　고려 때는 한층 더 교육제도가 정비되어 국자감(國子監)을 비롯해 지방의 12목에까지 박사(博士)를 두어 인재를 양성하였다. 과거제도가 정립되어 진사과(進士科)와 명경과(明經科)를 통해 선비들이 관직에 나아갈 수 있는 길이 확보되었다.

　고려시대는 선비들의 공직활동도 뚜렷하게 확대되었고, 교육기관을 통한 선비의 양성도 확장되었다. 고려 말엽 충렬왕 때 안향(安珦)과 백이정(白頤正) 등에 의해 원나라로부터 성리학이 도입되면서 유교이념의 새로운 학풍과 학통이 형성되었다. 여기서 이른바 도학이념이 정립되면서 선비의 자각도 심화되었다. 불교나 노장사상의 풍조를 배척하고 유교이념을 실현하기 위한 사회개혁의식이 이들 도학이념의 선비들 속에서 성장했다. 특히 이색(李穡)을 비롯해 정몽주(鄭夢周), 이숭인(李崇仁), 길재(吉再)는 학문이나 의리 등에서 선비의 모범으로 존숭되는 인물이었다.

　조선 초에 들어와 유교이념을 통치 원리로 삼으면서 선비들은 유교이념 담당자로서 정체성을 정립했다. 조선 초에 선비들은 고려 말 절개를 지킨 인물인 정몽주를 추존(推尊)하였고, 절개를 굽히지 않은 길재의 학통을 통해 선비의식을 강화시켜 갔다.

이들은 조선왕조 건국기의 혁명세력을 중심으로 한 훈구세력에 대항해 새로 진출하기 시작한 인물들로서, 절의를 존경하고 숭배하는 입장을 지닌 자신들을 사림파(士林派)로 구분하며 선비라는 공동체 의식을 형성했다. 사림파는 도학의 이념을 철저히 수련하고 실천하며 사회 개혁의지를 발휘했다. 이들은 훈구파의 관료세력을 비판하는 입장에 섰고, 훈구파는 사림파를 과격한 이상주의자로 배척하며 억압하는 데서 이른바 사화(士禍)가 일어나 사림파의 선비들이 엄청난 희생을 치르게 된다.

조선시대는 유교이념이 지배한 시대인 만큼이나 선비들의 사회적 비중이 압도적이었다. 비록 사화를 거치며 많은 희생자가 있었지만 마침내 선비들이 정치의 중심세력으로 등장하는 사림정치시대를 이루었다. 조선시대에는 사대부에 의한 관료제도가 정착되었고, 사회의 지도적 계층에서 선비의 위치는 그 중심에 있었다.

선비의 삶

조선시대에 들어와서 선비들이 지도적 계층으로서의 지위가 확립되면서 선비의 생활양상도 매우 엄격한 규범에 의한 정형화가 이루어지게 되었다.

선비는 관직에 나가면 임금의 바로 아래인 영의정에까지 오를 수 있었으며, 혹은 산 속에 은거하더라도 유교의 도를 강론하여 밝히고 실천하는 임무를 지니는 중대한 책임을 지고 있는 신분이었다. 따라서 이들 선비가 서민대중으로부터 받는 존숭은 지극하며 그만큼 영향력도 컸다.

선비는 도학의 이념을 담당하는 계층이므로 사회의 올바른 방향을 지도하는 지혜를 발휘해야 하며, 의리의 가치관을 사회 속에 제시하고 실천해야 했다. 또 유교적 도덕규범들을 실천하는 모범을 보이며 대중들을 교화해야 하는 사회적 책임까지 지고 있었다. 따라서 선비는 집 밖에 나가거나 집 안에 들어오거나 항상 그 사회의 가치를 실현하고 제시하는 주체로서 자신의 임무를 실천해야 하는 지도자로서의 성격을 띠고 있었던 것이다.

선비의 특징으로 크게 학업과 벼슬살이라는 두 가지를 들 수 있다.

선비는 한평생 학업을 중단하는 일이 없었지만 가정에서의 교육뿐만 아니라 밖의 스승을 찾아가 오랜 기간 동안 교육을 받는다는 사실은, 선비가 타고난 신분으로서가 아니라 학문과 수련으로 형성되는 것임을 말해준다. 이런 의미에서 선비는 독서인이요, 학자로 이해되기도 하였다. 선비는 학문을 통한 지식의 축적이 아니라 도리를 확신하고 실천하는 인격적 성취에 그 목표를 두었다. 선비는 항상 자신의 인격적 도덕성을 배양하지만, 동시에 그 인격성을 사회적으로 실현해야 한다. 선비의 공부는 이치를 탐구하는 일과 행동으로 실천하는 행위의 조화 속에서 이루어졌다.

선비로서 관직에 나가는 것이 일반적이지만, 관직을 목적으로 삼는 것이 아니라 관직을 통해 자신의 뜻을 펴고 신념을 실현하기 위한 것이었다. 선비는 임금과 신하라는 관계에서 무조건적인 복종과 충성을 바치지는 않았다. 선비는 임금과의 사이에서 의리로 관계를 맺기 때문에, 의리가 없으면 신하 노릇을 하지 않는 것이 도리였다. 선비는 관직에 나가서도 임금의 잘못이 있으면 간언하여 잘못을 바로잡으려 하고, 바른 도리가 실현될 가능성이 없거나 맡은 바 직책이 도리에 합당하지 않다고 판단되면 물러났다. 임금에게 사직(辭職)을 청하는 사직상소는 선비의 빈번한 행동양식이 되었다. 여기서 나아가고 물러서는 진퇴의 태도나 출처(出處)의 의리가 제기되었다.

선비로서 평생 과거시험을 보지 않거나 벼슬길에 나가지 않는 경우를 흔히 '처사(處士)'라 불렀다. 처사가 더욱 높은 존경을 받는 경우가 많았다. 선비는 벼슬에 나가지 않더라도 좌절하지 않았다. 오히려 산 속에서 스승을 만나 학문과 도리를 연마하고 후진을 가르치며 벗들과의 도의를 서로 권면하였다. 학문에 깊은 조예를 이루어 후생을 많이 가르치고 바른 도리를 제시할 수 있으면 '선생(先生)'으로 대우받았다. 선생은 벼슬에 나간 사람의 호칭인 '공(公)'보다 훨씬 더 높은 존숭을 받는 호칭이었다. 따라서 벼슬에 나간 선비도 여가에 제자를 가르치고 학문을 성취하여 선생으로 일컬어지기를 바라는 경우가 많았다.

선비가 벼슬에 나가지 않거나 벼슬을 그만두고 산림에서 학문을 연마하는 데 전념하고 있는 경우를 '산림(山林)' 또는 '산림처사'라고 불렀다. 산림의 선비로서 학문이 높고 명망이 있으면 왕은 이들이 과거시험을 거치지 않았더라도 '유일(遺逸)'이라는 제도를 통해 높은 관직으로 부르기도 했다. 이때 산림의 선비는 거듭 사퇴하는 상소를 올리면서 자신의 정치적 의견이나 현실문제에 관한 의견을 피력했다. 이렇게 높은 관직으로 부름을 받아 갔던 선비들은 곧 물러나는 경우가 많았다. 한 번 이상 관직에 불려 나간 선비는 '징사(徵士)'라고 했다.

선비는 자신의 신념을 한 시대만이 아니라 만세에 전하려는 확신을 지닌 인격체라 할 수 있다. 도를 밝히고 자신을 연마하여 세상을 바로잡기 위해 도를 실천하는 노력의 과정이 선비의 일생이었다.

〈기생은〉

'기생(妓生)'은 잔치나 술자리에서 노래와 춤, 풍류로 참석자들의 흥을 돋우는 일을 업으로 삼았던 여자를 말한다. '기녀(妓女)'라고도 하며, 말을 할 줄 아는 꽃이라는 의미로 '해어화(解語花)'라고도 불렀다.

기생의 원류에 대해서는 신라 화랑의 원화(源花)에서 발생하였다는 설도 있는데, 이익은 『성호사설』에서 기생이 양수척(揚水尺)에서 비롯되었다고 했다. "백제 유기장(柳器匠)의 후예인 양수척이 수초(水草)를 따라 유랑했는데, 고려의 이의민(李義旼)이 남자는 노(奴)로 삼고, 여자는 기적(妓籍)을 만들어 기(妓)로 만들었다."고 주장했다. 이것이 기생의 시초라는 것이다.

양수척은 고려가 후백제를 칠 때 가장 다스리기 힘들었던 집단으로, 이들은 소속도 없고 부역에 종사하지도 않으며, 떠돌이 생활을 하면서 버드나무로 키나 소쿠리 등을 만들어 팔고 다녔다고 한다.

기생의 발생을 무녀(巫女)의 타락에서 찾는 견해도 있다. 고대 제정일치 사회에서 사제(司祭)로서 군림하던 무녀가 정치적 권력과 종교적 권력이 분화되는 과정에서 기생으로 전락하였다는 것이다.

관기(官妓)는 고려 문종 때 팔관연등회(八關燃燈會)에 여악(女樂)을 베푼 것이 시초라고도 한다. 여악은 후에 창기희(唱技戲)로 발전하고, 조선시대에 들어와 관기가 생겨 태조가 개경(開京)에서 서울로 천도할 때 많은 관기가 따라갔다고 한다.

조선시대의 관기 설치 목적은 주로 여악(女樂)과 의침(醫針)에 있었으며, 따라서 관기는 의녀(醫女)로서도 행세하여 '약방기생', 상방(尙房)에서 침선(針線: 바느질)도 담당하여 '상방기생'이란 이름까지 생겼으나 주로 연회나 행사 때 노래와 춤을 맡았다. 거문고와 가야금 등의 악기도 능숙하게 다루었다.

관기는 지방관아에도 딸려 지방관의 위락(慰樂) 대상이 되었다. 기생은 노비와 마찬가지로 한번 기적(妓籍)에 오르면 천민이라는 신분적 굴레에서 벗어날 수 없었다. 기생과 양반 사이에 태어난 경우라도 천자수모법(賤者隨母法)에 따라 아들은 노비, 딸은 기생이 될 수밖에 없었다. 그러나 기생이 양민이 되는 경우도 있었다. 양반이나 양민 부자의 소실이 될 경우 재물로 대가를 치르면 천민의 신분에서 벗어날 수 있었다. 기생이 병들어 제구실을 못하거나 늙어 퇴직할 때면 딸이나 조카딸을 대신 들여놓고 나오는데, 이를 '대비정속(代婢定屬)'이라 했다.

기생은 조선사회에서 양민도 못되는 이른바 팔천(八賤)의 하나였다. 다만 양반 부녀자들처럼 비단옷에 노리개를 찰 수 있었고, 직업적 특성에 따라 사대부들과의 자유연애가 가능했으며, 고관대작의 첩으로 들어가면 친정을 살릴 수도 있었다. 그러나 신분적 제약으로 인해 이별과 배신을 당하는 경우가 많았다.

기생들 중에는 문학과 예술에 뛰어난 이들도 많았다. 조선 말기에 이르면 기생이 일패(一牌)·이패·삼패로 나뉜다. 관기(官妓)를 총칭하는 일패 기생은 예의범절에 밝고 대개 남편이 있는 유부기(有夫妓)로서 몸을 내맡기는 일을 수치스럽게 여겼다. 이들은 우리 전통가무의 보존자이며 전승자로서 뛰어난 예술인들이었다. 이패 기생은 '은근짜'라 불리며 밀매음녀(密賣淫女)에 가깝다. 삼패 기생은 이른바 창녀(娼女)로서 몸을 파는 매춘부라고 할 수 있다.

기생을 관장하는 기관으로는 기생청이 있었는데, 여기서는 가무(歌舞) 등 기생이 갖추어야 할 기본 기예는 물론, 행의(行儀)·시(詩)·서화(書畵) 등을 가르쳐 그들이 접대하는 상류 사족(士族)의 교양과 걸맞게 연마시켰다.

기생청은 일제강점기에 들어와서는 권번(券番)으로 바뀌었다. 권번은 서울, 평양, 대구, 부산 등 대도시에 있었다. 입학생들에게 교양, 예기, 일본어 등을 학습시켜 요릿집에 내보냈다. 일부 기생들은 권번의 부당한 화대(花代) 착취에 대항하여 동맹파업을 일으키기도 했다.

기생제도는 조선시대에 발전해 자리를 굳히게 되어, 이때부터 '기생'이라 하면 일반적으로는 조선시대의 기생을 지칭하게 되었다. 사회계급으로는 천민에 속하지만 시와 서화, 예기 등에 능한 교양인으로 대접받기도 한 특이한 존재였다.

* 부용성(芙蓉城): '저승의 신선 나라'를 일컫는 말이다.

* 운영(雲英), 배항(裵航): 옛날 당나라 때 배항(裵航)이란 사람이 운교(雲翹) 부인을 만났더니, "한 번 구슬물을 마시고 나면 온갖 느낌이 일어날 것이오. 검은 서리 (玄霜)라는 신선약을 찧어주고야 운영(雲英)이를 만날 것이오."라는 시 한 수를 주는 것이다. 뒤에 배항이 남교(藍橋)역을 지나다가 어떤 늙은 할미에게 마실 것을 청했더니 그 할미가 운영을 시켜 마실 것을 가져다주는데, 배항이 그것을 받아 마셔보니 바로 진짜 '구슬물'이었다. 그리고 또 운영을 보니 어찌나 어여쁜지 할미에게 운영과 짝 맺어주기를 청하자 할미의 말이 "간밤에 신선이 영약 한 숟가락을 주었는데, 다만 이것은 옥 공이를 가지고 절구에 찧어야만 되는 것이니, 그대가 그것을 찧어주고 나서야 운영과 결혼할 수 있을 것일세."라고 했다. 배항은 100일 동안이나 그 신선약을 찧어주고서 운영에게 장가들어 그 길로 같이 신선이 되어 갔다고 한다.

* 설도(薛濤): 당나라 중기의 명기(名妓)다. 음률과 시사(詩詞)에 능하여 유명한 시인들과 사귀었다는데, 여기서는 계생(桂生)을 일컫는다.

* 반첩여(班倢伃): 한나라 성제(成帝) 때의 후궁이다. 첩여는 상경(上卿)에 해당하는 궁중 여관(女官)의 이름이다. 성제의 총애를 받았는데, 자태가 뛰어나고 노래와 춤에 능한 조비연(趙飛燕)에게로 성제의 총애가 옮겨간 후 무고까지를 당하자 스스로 장신궁(長信宮)으로 물러가 태후를 모시며 지냈다. 이때 자신의 신세를 소용이

없어진 가을부채(秋扇)에 비유해 「원가행(怨歌行)」을 지었다. 부채는 더운 여름에나 필요하지 시원한 바람이 불어오는 가을이 되면 쓰레기를 버리는 대광주리 속에 버려지게 된다. 임금의 총애를 잃어 가을부채 같은 신세가 되고 말았음을 슬퍼한다는 내용이다. 반첩여가 지은 「원가행」을 보자.

새로 끊어 낸 제나라 흰 비단	新裂齊紈素
희고 조촐하기 서리와 눈 같네	皎潔如霜雪
말라서 합환 부채 만드니	裁爲合歡扇
둥글기는 밝은 달 같아라	團圓似明月
임의 품안과 소매 속을 드나들며	出入君懷袖
흔들리면서 산들바람을 일으키는구나	動搖微風發
항상 두려운 바는 가을철이 되어	常恐秋節至
산들바람이 더위와 열을 앗아갈까 함인데	涼飇奪炎熱
부채가 마침내 대나무 상자 속에 버려지듯	棄捐篋笥中
임의 정이 중도에 끊어지고 말았구나	恩情中道絶

* 탁문군(卓文君): 한(漢)나라 촉군(蜀郡)의 부자 탁왕손(卓王孫)의 딸 이름이다. 과부로 있을 때 사마상여(司馬相如)의 거문고 소리에 반해 그의 아내가 되었다. 나중에 사마상여가 무릉(茂陵)의 여사를 첩으로 맞아들이러 하자 「백두음(白頭吟)」을 지어 자기 신세를 슬퍼했다. 사마상여는 그것을 본 후 뉘우치고 첩을 들이지 않았다.

* 소소(蘇小): 남제(南齊) 때 전당(錢塘)의 명기(名妓)의 이름이다. 흔히 기생의 범칭으로 쓰인다.